U0195622

新时代中国极地
人文社会科学研究进展

本书编写组◎编著

海洋出版社

2024年·北京

图书在版编目（CIP）数据

新时代中国极地人文社会科学研究进展 / 本书编写
组编著. — 北京：海洋出版社，2024.6
ISBN 978-7-5210-1259-0

Ⅰ.①新… Ⅱ.①本… Ⅲ.①极地－人文科学－社会
科学－研究进展－中国 Ⅳ.①P941.6

中国国家版本馆CIP数据核字(2024)第095635号

新时代中国极地人文社会科学研究进展
XINSHIDAI ZHONGGUO JIDI RENWEN SHEHUI KEXUE YANJIU JINZHAN

策划编辑：江　波
责任编辑：项　翔　孙　巍
责任印制：安　淼

海洋出版社 出版发行
http://www.oceanpress.com.cn
北京市海淀区大慧寺路 8 号　　邮编：100081
侨友印刷（河北）有限公司印刷　　新华书店经销
2024年6月第1版　　2024年6月第1次印刷
开本：787mm×1092mm　　1 / 16　　印张：11
字数：145千字　　定价：148.00元
发行部：010-62100090　　总编室：010-62100034
海洋版图书印、装错误可随时退换

前言

当今世界，极地作为科技竞争的新高地、全球治理的新焦点、海上运输的新通道和资源能源的新产地，已成为关系国际社会安全和发展的重要区域。党的十八大以来，以习近平同志为核心的党中央高度重视极地工作，作出一系列重大部署，我国的极地事业取得了一系列重要进展。2017年，习近平总书记在题为《共同构建人类命运共同体》的主旨演讲中提到："要秉持和平、主权、普惠、共治原则，把深海、极地、外空、互联网等领域打造成各方合作的新疆域，而不是相互博弈的竞技场。"2024年，习近平总书记在致中国南极秦岭站的贺信中强调："更好地认识极地、保护极地、利用极地。"

我国极地考察始于20世纪80年代，历经四十余年，在极地战略规划、科学研究、环境治理、能力建设、国际合作等多方面的影响力不断增强，为打造"人类命运共同体"贡献了中国智慧，在习近平总书记"认识极地、保护极地、利用极地"重要论述的指引下，中国极地人文社会科学研究正朝着更加稳健、快速的方向阔步迈进。

本书以我国极地人文社会科学研究领域的中英文文献为主要依据，依托中国知网、WoS 及 Scopus 等中英文数据库，基于关键词在主题中检索，对检索结果的题名、第一作者及通信作者、机构、摘要等信息进行汇总，并通过人工规范及剔除通用词等方式筛选出本书研究范围，检索时间为 2024 年 3 月 18 日。通过定性与定量研究相结合，从时间脉络、主题变化等方面系统地梳理分析了我国学者在极地人文社会科学领域的代表性研究成果，全书共七章：第一章系统介绍了新时代以来极地人文社会科学发展整体概况；第二章至第六章分类梳理了极地政治与战略、极地法律与政策、极地治理与合作、极地历史与文化、和平利用与经济发展五个方面的文献，分别介绍了研究成果、研究团队及主要研究领域；第七章对我国未来的极地人文社会科学研究进行了展望。本书可为极地事业管理者和科研工作者提供多元化思维和多维视角，有助于国内学者掌握近年来极地人文社会科学研究的基本情况，推动我国极地人文社会科学的繁荣发展。

目 录

第六章 和平利用与经济发展 / 125

第七章 极地人文社会科学研究未来展望 / 145

后 记 / 151

参考文献 / 153

第一章
新时代以来极地人文社会
科学研究基本情况

　　极地地处地球的南北两端，是气候环境演变的风向标、天然的科学"实验场"和资源宝库，在应对全球气候变化、促进人类社会可持续发展等方面发挥着越来越重要的作用，也越来越受到国际社会关注。极地已成为各国拓展发展空间、谋求竞争优势的重要阵地和国际关系博弈的新舞台。党和国家领导人始终高度重视极地考察事业。1984 年 10 月 15 日，邓小平同志在为中国科学家首次考察南极所做的题词中就强调要为人类和平利用南极作出贡献。进入中国特色社会主义新时代以来，习近平总书记对极地事业作出一系列重要指示，从要求中国极地考察要"更好地认识极地、保护极地、利用极地"到呼吁国际社会将极地"打造成各方合作的新疆域，而不是相互博弈的竞技场"，再到希望广大极地工作者"为造福人类、推动构建人类命运共同体作出新的更大的贡献"。习近平总书记对极地的一系列重要指示，为新时代我国极地事业发展指明了前进方向、提供了根本遵循。

我国极地事业开启 40 年来，在党中央的坚强领导和相关部委的大力支持下，取得了显著成就。伴随着极地科学研究"从无到有，从弱到强"的历史进程，伴随着中国走向世界舞台中央的历史进程，极地人文社会科学研究也实现了跨越式发展，取得了丰硕成果，为维护国家极地利益、参与国际极地治理作出了重要贡献。

第一节　极地人文社会科学研究发展历程

一、南极人文社会科学研究发展历程

我国于 1983 年加入《南极条约》、1984 年首次开展南极考察活动、1985 年成为《南极条约》协商国、1986 年成为南极研究科学委员会成员国，这些重大事件直接推动了国内极地领域人文社会科学研究进程，涌现出一批南极问题研究的文献成果，研究主题集中于南极的法律地位、资源分配、南极环境保护机制等。20 世纪 90 年代，随着《关于环境保护的南极条约议定书》签署，南极治理的首要议题从开发南极矿产资源转变到南极环境保护。早期的研究者以参与南极事务的政府官员、科学家及国际法学者为主，南极研究主要依赖于学者的个人兴趣。总体来看，20 世纪 80 至 90 年代，南极研究并未得到国内学界的太多关注，研究成果不多，以情况介绍为主。同时，国内高等院校、科研院所的国际法著作或教材对南极也鲜有关注，或是仅仅对南极法律制度做框架性的介绍。与国际南极研究相比，国内相关研究相对滞后，除了探讨南极环境机制这一前沿议题外，大多数研究仍然集中在未生效的南极矿产资源活动管理机制上，研究较为零散，未形成规模[1]。

步入 21 世纪，随着国家加大对南极事业的投入，更多学者开始参与南极研究。2006 年我国加入《南极海洋生物资源养护公约》、2007 年正式启动国际极地年中国行动计划、2008 年制定《中国南极考察队员守则》

等里程碑事件，体现出我国在南极保护问题上的大国担当，以更加积极的姿态参与极地全球治理，努力跻身于国际南极决策层，在极地国际组织中发挥着愈加重要的作用并得到多国的认同与支持。在此背景下，以参与南极事务的政府官员和科学家为主的研究学者，将研究视野聚焦到南极治理机制、南极政治前景及南极资源纷争等问题。在高等院校与科研院所方面，除国际法学者外，具有政治学背景的学者开始进入南极领域。随着南极研究日益受到重视，国家社会科学基金、中国极地科学战略研究基金等开始出现南极研究项目。总的来看，由于此时南极尚未得到学术界的过多关注，研究多由深入参与南极事务的政府官员和科学家完成，并吸纳一些法律和政治学者加入，因此出现了一系列由政府官员、科学家、法律与政治学者三方合作的研究成果。此时的南极研究尚未形成有规模的学术团队[1]。

图 1-1　中国学者首次登上南极大陆

进入新时代以来，国家将极地战略提升到前所未有的高度。习近平总书记于 2013 年南极仲冬节到来之时向中国南极长城站、中山站并各国南极考察站致慰问电，于 2014 年致信祝贺南极泰山站建成。此外，2014 年，我国颁布了首部南极活动管理文件——《南极考察活动行政许可管理规定》。2017 年，国家海洋局发布了白皮书性质的南极事业发展报告——《中国的南极事业》，全面回顾了我国南极事业 30 多年以来的发展成就。为了进一步推进我国极地事业的全面发展，财政部、国家海洋局联合设立了"十二五"极地考察专项——"南北极环境综合考察与评估"专项，对关系我国国家安全和发展的南极领域基础性、战略性和前瞻性问题进行了深入研究，产生了一系列高质量、具有开拓意义的研究成果，并初步形成了一支结构较为稳定、水平较高的南极人文社会科学研究团队，推动了国内极地人文社会科学领域研究飞速发展。

二、北极人文社会科学研究发展历程

1996 年，我国成为国际北极科学委员会成员国，我国的北极科研活动日趋活跃。自 1999 年首次开展北极科考后，我国北极考察工作持续深入发展。2004 年建成中国北极黄河站、2005 年承办北极科学高峰周会议等重大事件进一步推动了我国北极工作的全面发展。2006 年年底，我国启动了北极理事会观察员资格申请程序。2007 年，俄罗斯在北冰洋洋底的"插旗事件"引发了国内各界对北极事务的高度关注，北极相关的地缘政治、北极航道、北极治理等重点议题的研究开始增加。同时，作为重要的近北极国家，我国加强与俄罗斯、美国等环北极国家在北极科学研究、后勤保障、国际治理等领域的务实合作，为我国今后全面参与北极治理奠定了重要基础。在这一时期，我国关于北极的探索实践逐步深入，活动不断扩展，合作不断深化，关于俄罗斯、美国、北欧国家等的北极战略政策的历史溯源、基本特点、主要内容、发展趋势以及拓展我国与相关国家双边北极合作的研究开始增多。总体而言，虽然国内学者对极地人文社会科学领域的研究参与较晚，但发展较快，体现出了我国学者对于极地人文社会科学问题的高度关注。

新时代以来，以习近平同志为核心的党中央高度重视极地工作，统筹中华民族伟大复兴战略全局和世界百年未有之大变局，党的十八大报告提出"提高海洋资源开发能力，发展海洋经济，保护海洋生态环境，坚决维护国家海洋权益，建设海洋强国"的战略部署。在此背景下，2015 年，《中华人民共和国国家安全法》提出要增加对太空、深海和极地等新型领域的安全维护任务，首次将极地安全纳入总体国家安全范畴。2017 年，俄罗斯总统普京提出邀请中国参与建设北极交通走廊，打造"冰上丝绸之路"。2018 年，国务院发布《中国的北极政策》白皮书，阐明了中国在极地问题上的基本立场，阐释了中国参与极地事务的政策目标、基本原则和主要政策主张，为中国极地事业的发展提供了基本遵循。

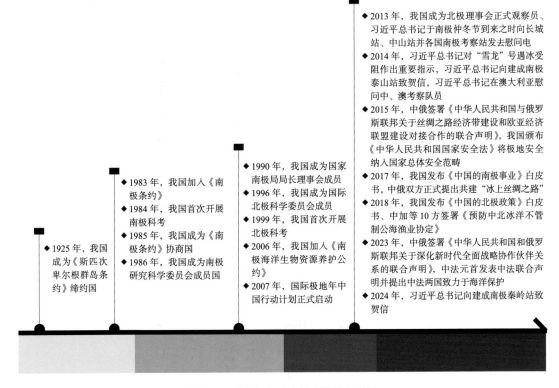

◆ 1925 年，我国成为《斯匹次卑尔根群岛条约》缔约国

◆ 1983 年，我国加入《南极条约》
◆ 1984 年，我国首次开展南极科考
◆ 1985 年，我国成为《南极条约》协商国
◆ 1986 年，我国成为南极研究科学委员会成员国

◆ 1990 年，我国成为国家南极局局长理事会成员
◆ 1996 年，我国成为国际北极科学委员会成员
◆ 1999 年，我国首次开展北极科考
◆ 2006 年，我国加入《南极海洋生物资源养护公约》
◆ 2007 年，国际极地年中国行动计划正式启动

◆ 2013 年，我国成为北极理事会正式观察员、习近平总书记于南极仲冬节到来之时向长城站、中山站并各国南极考察站发去慰问电
◆ 2014 年，习近平总书记对"雪龙"号遇冰受阻作出重要指示，习近平总书记向建成南极泰山站致贺信，习近平总书记在澳大利亚慰问中、澳考察队员
◆ 2015 年，中俄签署《中华人民共和国与俄罗斯联邦关于丝绸之路经济带建设和欧亚经济联盟建设对接合作的联合声明》，我国颁布《中华人民共和国国家安全法》将极地安全纳入国家总体安全范畴
◆ 2017 年，我国发布《中国的南极事业》白皮书，中俄双方正式提出共建"冰上丝绸之路"
◆ 2018 年，我国发布《中国的北极政策》白皮书、中加等 10 方签署《预防中北冰洋不管制公海渔业协定》
◆ 2023 年，中俄签署《中华人民共和国和俄罗斯联邦关于深化新时代全面战略协作伙伴关系的联合声明》，中法元首发表中法联合声明并提出中法两国致力于海洋保护
◆ 2024 年，习近平总书记向建成南极秦岭站致贺信

图 1-2 我国极地人文社会科学大事记

2019 年，习近平总书记在对俄罗斯进行国事访问时指出，开发利用北极航道将为"一带一路"建设同欧亚经济联盟对接合作提供新契机、增添新平台、注入新动力，有利于加强中俄两国同相关各方互联互通和互利共赢。我国在极地考察、国际极地治理与合作、涉极地规章制度与立法等各项工作中均取得可喜成绩，人才队伍不断壮大，高质量研究成果接连涌现，科研创新机制逐步完善，我国在国际极地舞台上的话语权和影响力日益增强，为国际社会认识极地、保护极地、利用极地贡献了中国智慧和中国理念。

第二节　成果产出情况

1984—2023 年，我国学者在极地人文社会科学领域发文量为中文 2 158 篇、英文 337 篇，共计 2 495 篇，其中 1984—2012 年发文量较少，每年均不足百篇。2013 年以后发文量呈现较快增长趋势，发文量占总量的 83.7%，年均发文量高达 189.9 篇。如图 1-3 所示，我国极地人文社会科学研究虽起步较晚，但自新时代以来进入了高速发展期，我国学者对其关注度迅速上升，科研成果加速涌现。

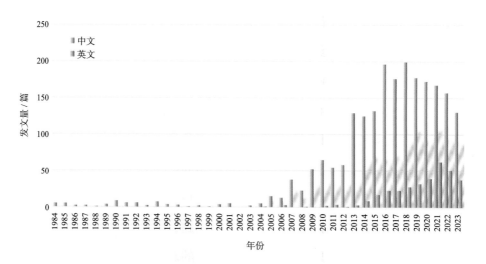

图 1-3　1984—2023 年极地人文社会科学年度发文量

相较于之前（1984—2012 年），新时代以来，我国极地人文社会科学领域的科研成果产出在总量上大幅增长的同时，SSCI、CSSCI 论文等高质量成果显著提升（图 1-4），在量质齐升中迈上新台阶。

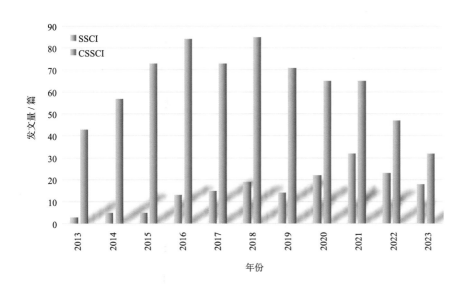

图 1-4 2013—2023 年极地人文社会科学高质量论文年度发文量

1984—2023 年，我国学者在极地人文社会科学领域出版著作共计161 部。1989 年出版的《南极政治与法律》拉开了我国极地人文社会科学领域研究的序幕，该书全面介绍了南极政治与法律，对南极主权问题、相关国家的南极利益、《南极条约》渊源与协商、南极条约体系及南极治理等内容作了详细介绍与深入分析，至今仍对南极研究具有重要的参考价值与启发意义。2009 年出版的《当代中国的南极考察事业》介绍了中国南极考察的酝酿和准备、中国历次南极考察、中国南极考察基地、南极考察船及其他装备以及航海、通信和气象保障等内容。2015 年，为纪念中国极地考察事业三十周年，国家海洋局极地考察办公室组织编纂了《中国·极地考察三十年》大型画册（图 1-5），全书采用了以"南极精神"主线贯穿，多侧面进行展示的基本思路，坚持了"纪实性、艺术性、资料性"相融合的风格，同时辅以必要的新的表现手法，全书选取的照片均来自历届科考队员。自 2015 年起连续出版的《北极蓝皮书：北极地区发展报告》以及时、准确的调研数据为支撑，总结年度北极治理的新动态及发展走向，以国别区域专题报告的形式概括分析了北极国家、地区对北极治理产生重要影响的决策与立法等。

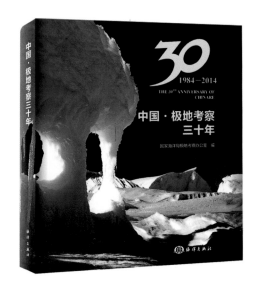

图 1-5 《中国·极地考察三十年》
大型画册

图 1-6 《北极蓝皮书：北极地区发展
报告》（2022）

目前，国内比较关注、发表极地人文社会科学论文较多的刊物主要有：《中国海洋大学学报》《太平洋学报》《极地研究》《海洋开发与管理》《边界与海洋研究》《海洋经济》等。1959 年创刊，中国海洋大学主办的《中国海洋大学学报》，其社会科学版特设"极地问题研究"专栏，共发表极地人文社会科学类文章 130 余篇。1994 年创刊，中国太平洋学会主办的《太平洋学报》自创刊以来共发表极地人文社会科学类文章 90 余篇。1988 年创刊，中国极地研究中心主办的《极地研究》（曾用刊名：南极研究）是集中反映我国极地多学科考察研究成果的综合性学术刊物，同时也是进行国内与国际学术交流和成果展示的重要窗口，自创刊以来共发表极地人文社会科学类文章 60 余篇。1984 年创刊，海洋出版社有限公司主办的《海洋开发与管理》（曾用刊名：海洋与海岸带开发）自创刊以来共发表极地人文社会科学类文章近 50 篇。2016 年创刊，武汉大学主办的《边界与海洋研究》自创刊以来共发表极地人文社会科学类文章 30 余篇。2011 年创刊，国家海洋信息中心主办的综合性学术期刊《海洋经济》自创刊以来共发表极地人文社会科学类文章 20 余篇。

随着党中央对极地工作的重视程度持续提升以及我国极地战略利益的拓展，自然资源部及其他相关部门不断加强对极地人文社会科学研究的投入。国家海洋局根据《中国极地科学战略研究基金章程》和《中国极地科学战略研究基金项目管理办法》，每年设立 10 多个极地人文社会科学研究项目，致力于繁荣国家极地人文社会科学研究、培养极地人文社会科学研究队伍，为党中央和相关部门的战略管理和实务决策发挥了重要的基础支撑作用。此外，国家社会科学基金也始终关注极地问题，有力推动了极地人文社会科学研究的繁荣。在南极领域，早期获得国家社会科学基金支持的课题是 2003 年的"南极洲领土主权与资源权属问题综合研究"。在北极领域，早期获得国家社会科学基金支持的课题是 2008 年的"海洋法视角下的北极法律问题研究"与"北极航线问题的国际协调机制"。新时代以来，我国极地人文社会科学领域的基金投入快速增长，年度基金论文比例也随之提升：年度基金论文比例（中文）在 2015 年后均超过 50%（图 1-7），年度基金论文比例（英文）在 2018 年后均超过 30%（图 1-8）。可见基金投入对我国极地人文社会科学研究产生了重要的推动作用。

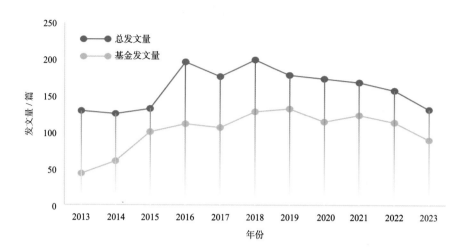

图 1-7　2013—2023 年极地人文社会科学年度基金发文量与年度总发文量（中文论文）

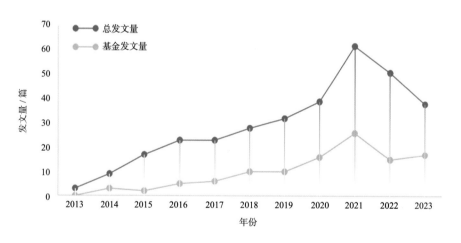

图 1-8　2013—2023 年极地人文社会科学年度基金发文量与年度总发文量（英文论文）

　　此外，学科间的交叉融合趋势愈发明显，在我国极地人文社会科学研究前期，如图 1-9 所示，中文文献学科主要在法律、政治、经济等少数几个学科领域开展研究，且偏向单一学科。随着极地科研情况的多元化、复杂化，极地人文社会科学研究领域逐渐向多学科和交叉学科发展，对海洋资源与开发学科的重视程度与日俱增（图1-10）。

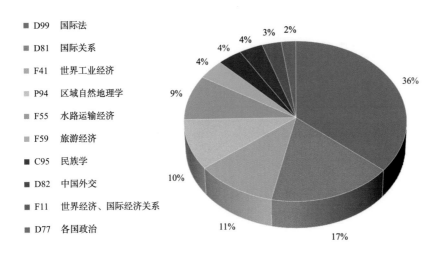

图1-9 1984—2012年极地人文社会科学中文学科分布 Top10

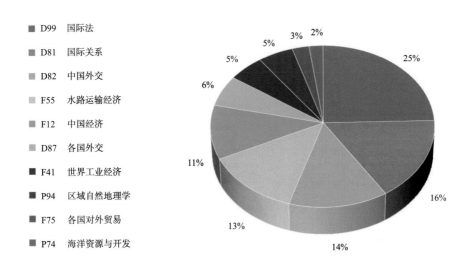

图1-10 2013—2023年极地人文社会科学中文学科分布 Top10

1984—2012 年极地人文社会科学领域发文量 Top10 的英文学科依次为环境研究、人类学、环境科学、国际关系、自动化与控制系统、经济学、法学、管理学、电信学与运输学，如图 1-11 所示。2013—2023 年极地人文社会科学领域发文量 Top10 的英文学科依次为环境研究、环境科学、运输学、国际关系、绿色可持续发展技术、交通科学与技术、经济学、法学、海洋学与地理学，如图 1-12 所示。新时代以来，随着极地人文社会科学研究领域研究人员国际视野逐渐开阔，多学科和交叉学科研究愈加多元化。

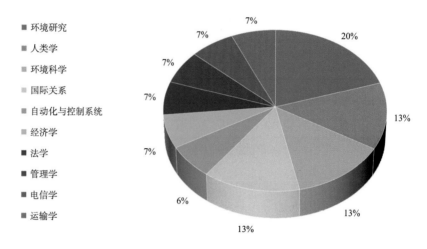

图 1-11　1984—2012 年极地人文社会科学英文学科分布 Top10

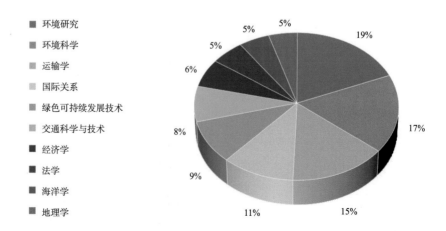

图 1-12　2013—2023 年极地人文社会科学英文学科分布 Top10

第三节　人才队伍情况

　　人才是第一资源，人才队伍是影响研究投入产出效率的主要因素。党和国家高度重视极地科研人才的培养工作，1984 年以来，中国人文社会科学领域的极地研究队伍呈现出由少变多、由弱变强的成长过程。为厘清中国人文社科领域极地研究学者的情况，按照同年第一作者和通信作者总和排重计次，统计分析了极地人文社会科学领域中国作者数量。如图 1-13 所示，1984—2012 年极地人文社会科学领域发表中文论文的作者有 323 人，发表英文论文的作者有 24 人。2013—2023 年极地人文社会科学领域发表中文论文的作者有 1 367 人，发表英文论文的作者有 434 人。发文作者数量自 2013 年开始大幅提升，中国人文社会科学领域的极地研究人才队伍迅速壮大，研究力量显著增强。

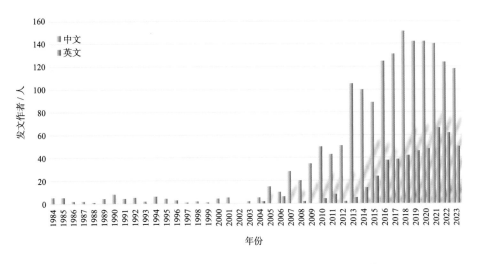

图 1-13　1984—2023 年极地人文社会科学年度发文作者数量

　　随着极地科研向多领域、交叉学科方向发展，研究人员之间的交流与合作变得愈发重要，有效促进了高水平的成果产出，有力推动了极地科学的发展。基于发文量不少于 5 篇的学者构建的极地人文社会科学领域作者的合作关系图谱清晰地展示了极地领域研究学者之间的合作关系（图 1-14）。从图中可以看出，作者之间总体上呈现分散状，合作发文较多的以相同机构、相近地区作者为主，例如中国海洋大学的郭培清、石伟华、闫鑫淇，武汉大学的丁煌、华中师范大学的赵宁宁、武汉科技大学的周菲、湘潭大学的云宇龙、湖北经济学院的朱宝林，中国极地研究所的张侠、邓贝西，大连海事大学的李振福、徐梦俏、丁超君、王文雅，上海国际问题研究院的杨剑、郑英琴、于宏源等，来自不同机构的作者合作发表多篇论文的情况不多。由此可知，我国极地人文社会科学领域的科研人员呈分散化分布，来自同一机构或相近地区的作者联系较多，各作者集群间存在交流协作但尚不密切。

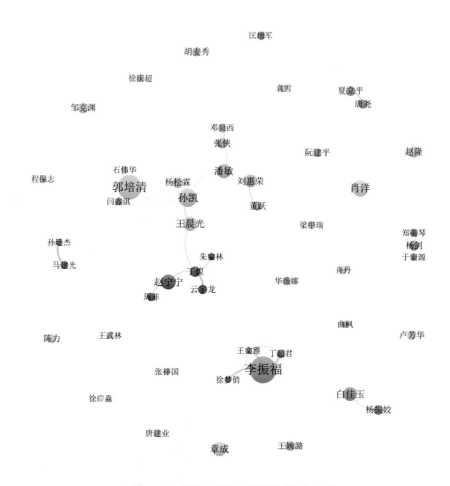

图1-14 极地人文社会科学作者合作关系

第四节　研究机构情况

随着党和国家对极地人文社会科学研究重视程度的提升，以国内相关业务主管部门下属的研究中心以及大学、机构和智库为依托的极地人文社会科学研究机构数量上涨态势明显，其中既有"国家队"，也有"地方生力军"；既有极地研究"老兵"，也有"新兵"；既有实体，也有虚体。从地域上看，上海、武汉、青岛和大连是"老兵"的主要聚集地，而渐次崭露头角的"新兵"主要分布在北京、广州、哈尔滨和聊城等地。科研机构数量在快速增加的同时，特色研究日渐突出，并日益网络化、国际化，以跨学科、跨地区的"联盟"或"协同创新中心"的名义，力图由点到面地形成覆盖更广的学术交流网络，体现出鲜明的学术共同体意识[2]。

自然资源部开展极地人文社会科学研究的部属单位主要有：中国极地研究中心、国家海洋信息中心、自然资源部海洋发展战略研究所等。

2009 年，中国极地研究中心（中国极地研究所）成立极地战略研究室，旨在建立极地战略研究队伍、学术网络和资料库，开展和组织开展极地战略问题和国际热点问题研究，打造该领域研究优势和影响力，为国家及主管部门提供极地政策和战略咨询服务。极地战略研究室承担了"极地权益维护""极地地缘政治研究"等专项项目，对极地地缘政治、安全战略、航道利用、法律与资源开发等具有战略性和前瞻性的领域开展研究，组织编制超过 100 万字的研究报告，在《太平洋学报》等核心刊物公开发表论文近 20 篇，出版《北极安全研究》《中国北极权益与政策研究》等数部专著，取得了一批有分量的学术成果。中国极地研究中心参加《中国的北极政策》《中国的南极事业》等国家相关部门涉极地的文件编制工作，广泛参与涉极地工作的专家咨询会，就极地安全风险评估、当前极地形势分析、与主要大国极地关系研判和推动极地国际合作等议题提出对策建议，多篇专报与内参获国家和省部级领导批示。

2016 年以来，国家海洋信息中心逐步建立极地信息跟踪分析人才队伍及国际舆情搜集业务体系网络，持续开展极地信息动态跟踪与分析研判，负责极地政策领域重大问题研究，为国家决策机关及极地主管部门提供智力支撑保障。陆续承担"极地政策与管理支撑""极地战略政策""极地舆情月报"等项目，对极地国际治理、极地履约支撑、极地国别政策跟踪研究、极地生态环境保护及气候变化应对、极地风险评估、极地综合管理、极地文化等重点事项开展研究，共计编写研究报告 70 余份，获得中央及省部级领导批示 30 余次，在《边界与海洋研究》期刊公开发表论文《南极条约体系面临的困境与中国的应对》，承担国家社会科学基金"中国的南极利益和南极战略取向研究"、自然资源部科技创新人才培养工程青年人才项目"南极条约体系未来趋势研判及对策研究"，《国家利益视角下主要国家与中国南极战略取向》《南极治理力量——贡献与影响力考察》两部专著即将出版，形成了诸多学术研究成果。国家海洋信息中心广泛参与极地主管部门相关工作专家咨询会，就极地国际形势研判、极地国际治理参与、极地国际合作路径、极地管理模式构建等议题提出观点主张。积极参加南极条约协商会议"南极旅游的未来：走向战略愿景和政策计划"非正式研讨会、南极研究科学委员会（SCAR）南极人文和社会科学常务委员会等国际会议，多次发表主旨报告，对外有效宣传国家极地主张。

2011 年以来，自然资源部海洋发展战略研究所承担"极地法律问题体系研究"项目，围绕南北极法律制度、极地事务管理相关法律问题、北极航道法律问题、极地生物和非生物资源开发与保护法律问题、极地生态环境保护法律问题、极地科考法律制度、极地领域应对全球气候变化法律问题以及国家南极立法等开展全面研究，形成专题研究报告 12 份，总报告 70 余万字，出版"极地法律制度研究丛书"。

国内开展极地人文社会科学研究的高校和科研院所主要有：中国海洋大学、武汉大学、大连海事大学、上海国际问题研究院、同济大学等。

中国海洋大学在 2009 年设立"极地法律与政治研究所"，主要开展南北极的国际法和国际关系的理论研究、应用研究和交叉研究。2017 年，该中心成为教育部"国别与区域研究基地"，并更名为"中国海洋大学极地研究中心"。团队依托刘惠荣主持的国家重点研发计划"极地科技与国际治理支撑体系研究"课题，创办国内首个"极地法律与政策数据库"，提供国际极地法律与政治研究相关文件。

武汉大学于 1991 年成立中国南极测绘研究中心，该中心是由原国家南极考察委员会和原国家测绘局联合发文批准的极地测绘科学研究和人才培养机构。从我国首次南极科学考察开始，在国家极地主管部门的长期指导与支持下，该中心参与了我国历次南极科学考察活动。该中心面向国家战略需求，开展我国极地权益与公共治理研究，包括极地权益及其保障机制研究、极地治理及其改革研究以及我国参与极地治理战略研究等，在支撑和服务国家极地科学考察、维护国家极地权益上发挥了重要作用，为提升我国在国际极地事务中的影响力和话语权作出了重要贡献。

大连海事大学于 2010 年成立极地海事研究中心，主要关注北极海事问题的研究。其研究方向包括：围绕国家战略组织开展极地水域通航环境问题、极地法律问题、极地战略、极地环境保护等方面的研究，致力于将研究中心建设成具有海事特色的全国知名的极地研究机构；以极地海事为立足点，跟踪最新动向、开展前端研究，实现服务国家航运和国家战略目标，力争建设成为国家极地通航领域发挥重要影响力的智库；协调开展"北太平洋北极研究团体""北极大学""中国 –北欧北极研究中心""中国海洋发展研究会极地发展分会""中国航海学会极地航行与保障专业委员会"等框架下国际、国内学术交流与合作；以国家和交通运输部北极战略、"一带一路"倡议为导向，围绕北极通航开展研究工作，为国家和交通运输部的北极政策提供决策支持。

上海国际问题研究院于 2010 年成立极地问题研究中心，是国内较早从全球治理角度研究北极和中国极地参与政策的研究团队。该中心依托智库优势、紧跟国家的战略需求，在科研发表、理念创新、咨政建言、学术外交、人才培养等方面积极为我国参与极地国际治理与国际合作提供智力支撑，为推进我国的极地事业发挥建设性作用。先后承担了外交部、自然资源部等部委委托课题项目数十项，出版十余部中英文极地专著，发表近百篇极地研究学术论文。

同济大学于 2009 年设立极地与海洋国际问题研究中心，是国内高等院校中较早成立的对北极地区和南极地区国际政治、安全、治理、经济以及中国极地战略和政策等进行综合性和专题性研究的学术机构。2017 年该中心成为教育部国别和区域研究备案中心。该中心聚焦极地政治与安全、极地治理、极地国别战略和政策、北极原住民、国际极地组织等议题的研究，出版专著 3 部、译著 5 部，发表研究论文 50 余篇，研究报告 30 余份，决策咨询报告 40 余篇。该中心注重建立国内外高端人才流动和培养的机制，建立与国际接轨的研究生培养制度；注重国际交流，多次出访北极地区并多次接待国外访问学者，多次承办国际学术会议。

从图 1-15 所示的极地人文社会科学年发文机构量（第一署名机构）来看，1984—2012 年发表中文论文的机构共 193 家，发表英文论文的机构共 14 家；2013—2023 年发表中文论文的机构共 803 家，发表英文论文的机构共 209 家。新时代以来，发表极地人文社会科学领域文献的机构数量呈现爆发式增长。如表 1-1 所示，中英文总发文量排名前十的机构分别为中国海洋大学、大连海事大学、武汉大学、上海海洋大学、上海国际问题研究院、同济大学、北京第二外国语学院、复旦大学、上海海事大学及中国社会科学院。其中，中国海洋大学发文最多，达到 253 篇，发文量占比为 10.14%，位列第一。

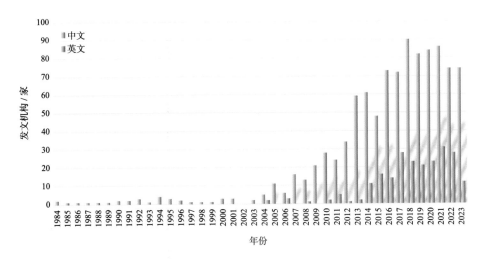

图 1-15　1984—2023 年极地人文社会科学年度发文机构数量

表 1-1　1984—2023 年极地人文社会科学年发文量机构 Top10

序号	机构	总发文量 / 篇	发文量占比
1	中国海洋大学	253	10.14%
2	大连海事大学	202	8.10%
3	武汉大学	186	7.45%
4	上海海洋大学	66	2.65%
5	上海国际问题研究院	61	2.44%
6	同济大学	54	2.16%
7	北京第二外国语学院	51	2.04%
8	复旦大学	46	1.84%
9	上海海事大学	37	1.48%
10	中国社会科学院	35	1.40%

对 1984—2023 年发文量不少于 5 篇的机构构建机构合作关系图谱（图 1-16），从图中可以看出，中国海洋大学与中国政法大学、中国极地研究中心、国家海洋信息中心、大连海事大学、武汉大学、自然资源部第一海洋研究所及辽宁大学等机构有交流合作关系；武汉大学与上海交

通大学、中国社会科学院、华中师范大学、南昌大学、国防科技大学及
复旦大学等机构有交流合作关系。

图 1-16　极地人文社会科学中文发文机构合作关系

注：机构合作网络图，每个节点代表一个机构，节点的大小代表了机构发文量的多少（节点越大，发文量越多），链接代表合作关系（链接越粗，合作发文量越多）。

　　在加强内部机构合作和协同创新的同时，我国极地人文社会科学领域与国外相关机构的合作也逐渐增多，日益走向国际化。如图 1-17 所示，我国与英国、美国、加拿大、俄罗斯、丹麦、澳大利亚等国家有合作发文联系。为进一步了解各国机构间合作发文情况，对英文论文发文量不少于 4 篇的国际机构构建机构合作关系图谱，如图 1-18 所示，加拿大曼尼托巴大学与我国上海海事大学、浙江大学、北京师范大学、香港理工大学、北京师范大学－香港浸会大学联合国际学院等研究机构存在合作研究。英国剑桥大学、丹麦奥胡斯大学、俄罗斯科学院、美国得克萨斯A&M大学与我国大连海事大学、南京大学、中国海洋大学、香港大学等机构存在合作研究。

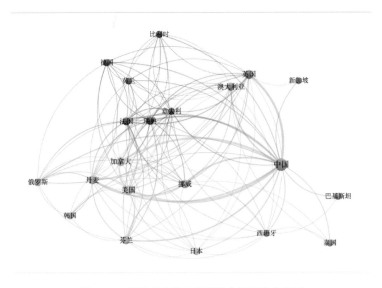

图 1-17　极地人文社会科学发文国家合作关系

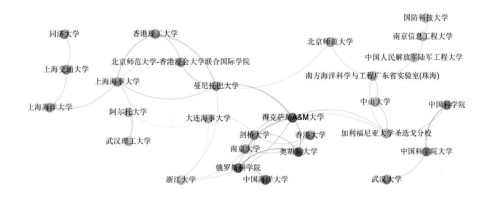

图 1-18　极地人文社会科学英文发文机构合作关系

极地人文社会科学研究国际化的另一重要成果，是我国极地人文社会科学工作者创建或参与搭建了许多新的合作平台，形成了一些国际交流合作品牌。

中国－北欧北极研究中心成立于 2013 年 6 月，由中国极地研究中心发起，致力于增进各方对北极及其全球影响的认识、理解，促进在全球意义下北欧北极的可持续发展以及我国与北极的协调发展，主要围绕北欧北极以及国际北极热点和重大问题，推动北极气候变化及其影响、北极资源、航运和经济合作、北极政策与立法等方向的合作研究和国际交流。自成立以来，该中心设立了秘书处，开展了多项交流与合作研究活动（图1-19），影响力在不断上升，已成为外交部高度肯定的中国与北欧合作最重要的平台之一，并在中国首份北极政策白皮书中予以确认，为中国对北极政策宣介和传播提供了有效的渠道，增进了北欧国家对中国参与北极治理的理解和支持。

图1-19　第一届中国—北欧北极合作研讨会

北太平洋北极研究共同体（NPARC）成立于2014年，由上海国际问题研究院、日本北海道大学与韩国海洋研究院协商正式成立，其宗旨是鼓励对北极出现的新挑战和新机遇进行区域性的跨学科研究，交流和分享区域研究成果，增强能力建设，并通过各种机制加强各成员机构间的合作。自NPARC成立以来，中、日、韩三国每年轮流举办学术研讨会，迄今已召开10届国际研讨会。NPARC在加强三边合作，促进知识－政策－治理的结合、共同应对气候变化挑战等方面取得了很大成就，推动了以北太平洋国家的视角看北极，并开创了北太平洋北极研究共同体会议与中日韩北极事务高级别对话会议背靠背举行模式，得到了中日韩北极事务高官的高度评价和重视。

中俄北极论坛由中国海洋大学与俄罗斯圣彼得堡大学从2012年起联合发起，至今已连续举办12届。该论坛是中国－俄罗斯学术界关于北极学术问题的唯一的常规化、制度化交流平台，每年在中国和俄罗斯两国轮流举办。论坛历次会议汇聚中俄两国学者建议，有些已得到有效落实和执行，为推动北极合作正式纳入中俄新时代全面战略协作伙伴关系作出了重要贡献，得到了两国学术界和舆论界的共同认可。

中美北极社科研讨会是中美学者讨论北极合作的重要机制化平台。2015年5月，在国家海洋局极地考察办公室的支持下，同济大学极地与海洋国际问题研究中心和美国战略与国际研究中心（CSIS）在上海同济大学共同主办了"第一届中美北极社科研讨会"。2016年5月，双方在美国华盛顿的美国战略与国际问题研究中心召开第二届研讨会。迄今为止总共召开了6届研讨会，每届会议讨论的议题广泛，涉及可持续的资源开发、应对气候变化、安全和可靠的北极航运、持续的科学合作、北极环境保护、北极原住民福祉、北极治理和国际规范等。中美学者通过该平台进行第二轨道对话，以促进双方更好地了解中美在北极地区的利益、活动和战略。

中加北极研讨会是系列性、品牌性会议，以中方和加方轮流主办的方式进行。中方组织单位为自然资源部海洋发展战略研究所，加方组织单位主要为加拿大达尔豪斯大学。该会议旨在为中加学者提供交流平台，共同探讨有关北极的政策、法律、环境和通航等问题，推动北极领域的国际合作和科学研究取得更好的发展。2018年，"第五届中加北极研讨会"在大连举办（图1-20）。该会议由自然资源部海洋发展战略研究所、

图1-20　第五届中加北极研讨会参会代表合影（大连）

大连海事大学法学院、中国海洋法学会共同主办。会议共设三方面议题，包括"北极问题的最新发展""中加北极政策的比较研究"和"战略和政策合作"。来自加拿大达尔豪斯大学、阿尔伯塔大学、拉瓦尔大学、维多利亚大学、蒙特利尔大学、卡尔加里大学和中国政法大学、武汉大学、山东大学、西南政法大学、西北政法大学、中国海洋大学等 16 家科研院所和高校的近 50 名中外学者、研究人员参加会议。

第五节　极地人文社会科学研究热点

关键词是文献的核心提要，对关键词的分析有助于了解领域研究热点。图 1-21 为 2013—2023 年中国极地人文社会科学研究关键词聚类图，关键词大致分为 12 个聚类，聚类标签分别为 #0 北极战略、#1 全球公域、#2 划界、#3 南极、#4 北极事务、#5 北极、#6 中国、#7 俄罗斯、#8 北极航道、#9 北极地区、#10 北极治理、#11 一带一路，标签数字越小，聚类中包含的关键词越多。为进一步分析关键词随时间变化情况及其聚

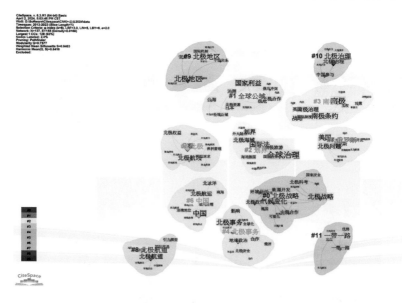

图 1-21　2013—2023 年极地人文社会科学领域关键词聚类图

注：图中每个颜色区域代表一个聚类，每个节点代表一个关键词，节点大小表示共现频次高低（频次越多，节点越大）；节点间连线粗细表示共现关系强弱，节点颜色表示所处领域。

类情况，绘制关键词时间线图把关键词节点网络划分为几个聚类并按时间顺序排列（图 1-22）。

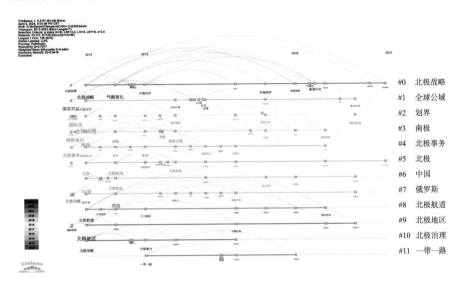

图 1-22 2013—2023 年极地人文社会科学领域关键词时间线图

注：每个节点代表一个关键词，其所在位置为该关键词首次出现的年份。关键词之间的链接代表二者间存在共现关系。

图 1-23 为 2013—2023 年极地人文社会科学领域相关文献关键词出现频次统计图。出现频次较高的关键词包括"冰上丝绸之路"、北极治理、北极航道、俄罗斯、北极理事会、北极地区、北极战略等。新时代以来，极地战略、法律法规、治理合作、历史文化、开发利用等领域逐步成为研究热点。

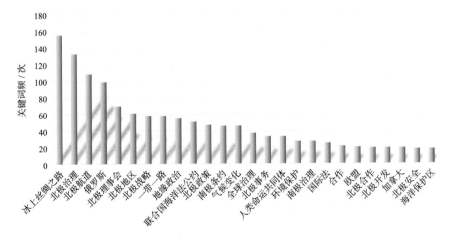

图 1-23 2013—2023 年极地人文社会科学领域关键词出现频次

突现检测算法可以用于检测一个学科内研究兴趣的突变性增长。突现检测是根据关键词在时间顺序上的阶段性发展，依据突现率的变化挖掘突现关键词，进而发现那些低频且具有情报意义的关键词。处于上升阶段的新兴突现检测有助于发现推动学科研究发展的微观因素，更能够反映不同时间段的研究前沿，可以在一定程度上揭示领域主题发展进程。

对中国极地人文社会科学领域 2013—2023 年的所有关键词进行检索，并将所得到的 14 个突现关键词根据起始年份排序，如图 1-24 所示。其中突现强度在 4 以上的关键词是美国、外大陆架、环境保护，强度值分别是 4.55、4.54、4.4，相互之间差距不大。美国、气候变化、北极安全是到 2023 年仍然持续的突现关键词。总的来看，自进入新时代以来，我国极地人文社会科学研究热点，从最初的某个国家和国际组织的极地战略政策研究逐步向拓展双边国际合作、深入参与国际极地治理转变。

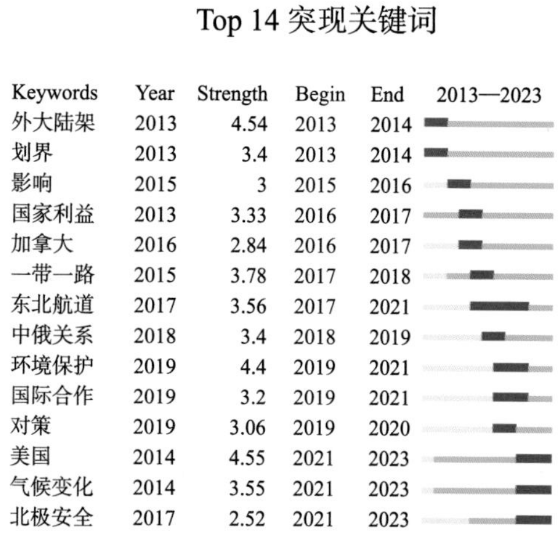

Top 14 突现关键词

Keywords	Year	Strength	Begin	End	2013—2023
外大陆架	2013	4.54	2013	2014	
划界	2013	3.4	2013	2014	
影响	2015	3	2015	2016	
国家利益	2013	3.33	2016	2017	
加拿大	2016	2.84	2016	2017	
一带一路	2015	3.78	2017	2018	
东北航道	2017	3.56	2017	2021	
中俄关系	2018	3.4	2018	2019	
环境保护	2019	4.4	2019	2021	
国际合作	2019	3.2	2019	2021	
对策	2019	3.06	2019	2020	
美国	2014	4.55	2021	2023	
气候变化	2014	3.55	2021	2023	
北极安全	2017	2.52	2021	2023	

图 1-24　2013—2023 年极地人文社会科学领域突现词变化

注：Year 表示该关键词第一次出现的年份，Strength 表示的是突现强度，Begin 和 End 表示该关键词作为前沿的起始和终止年份。

根据突现关键词可以看出，我国极地人文社会科学研究主要围绕以下 5 个方面展开。一是各国极地战略与极地政策研究。新时代以来，特别是 2019 年以来，随着国际极地安全形势快速变化和本国极地战略利益的新变化，美国、加拿大、俄罗斯等环北极国家，澳大利亚、新西兰、阿根廷、智利、南非等南极门户国家，以及欧盟、英国、法国、德国、日本、韩国、印度等 20 个国家和区域组织围绕南极和北极共计发布 8 部法律、78 份战略政策规划，对大国极地战略政策规划和法律制度的新变化进行动态跟踪和分析研究，是国内极地人文社会科学研究的关注重点。此外，除了传统的北极理事会、《斯匹次卑尔根群岛条约》、南极条约协商会议、《南极海洋生物资源养护公约》等政府间涉极地国际机制的研究以外，国内学者对国际南极旅游组织协会、南极和南大洋联盟等重要非政府组织的关注也逐渐增多。二是极地海洋法律问题。进入 21 世纪以来，大国争夺南极权益、参与极地博弈的重点逐步转向极地海洋，极地海洋的资源价值和战略价值日益显著，引起国内学者的关注。其中，北极的国际法地位、海域及大陆架划分、航道的归属与管辖，南极海洋保护区以及南极海洋的法律地位是研究热点。三是极地资源问题与环境保护问题。南极资源开发利用涉及的"主权冻结"以及环境保护问题，挑战了南极条约体系的基本原则，可能影响南极条约体系的未来发展。四是极地治理机制发展与变革研究。国内学界除了传统的国际法路径外，也有国际政治背景的学者运用国际机制理论来分析，指出当前的极地治理面临的困难和问题，并提出解决困境的应对建议。五是中国参与极地事务相关问题。主要聚焦在中国的极地利益、中国的极地参与、与北极国家共建"冰上丝绸之路"以及推动"人类命运共同体"理念在极地的实践应用等方面。

第二章
极地政治与战略

当前，世界地缘政治重心逐渐由传统地缘政治重心欧洲过渡到新型地缘政治重心亚太地区，并且呈现出"东移北上"的特点，国际政治格局呈现多极化趋势，美国、俄罗斯、中国、欧盟等作为国际主要政治力量，相互之间存在竞争与合作、对抗与妥协等错综复杂的关系。极地在这些大国之间的战略对抗与平衡中的地位日益凸显，成为各大国进行战略布局的重要领域。在北极地缘政治竞争中，相关大国充分利用北极独特的区位优势进行战略部署与竞争。大国战略竞争也辐射到南极领域，尤其体现在南极国际治理的规则制定方面。

在国际地缘政治变迁与大国战略竞争的背景下，极地地缘政治也在变化。北极领域，北极国家、欧盟等已相继出台多轮北极政策，2020年前后多数国家出台新政策，表达其对北极地区战略利益的高度关注，通过各种行动包括采取军事演练、加强军事部署等来加强各自在北极地区的控制，维护其在北极的利益。而且，参与北极事务的国家正以北极为中心向周围辐射，北极事务的全球性影响在不断上升。南极领域，各国对南极政治、经济、环境、科研等价值的追求，构成了各方参与南极政治的直接动力。随着南极政治行为主体的不断增加和利益多元化,各方价值追求和优先秩序的差异越来越大,加剧了南极政治进程的复杂性。在南极不同参与者的博弈中,地缘政治和治理政治发挥了重要的机制功能。虽然这两种机制都包含基于利益的合作与竞争,但相对而言,地缘政治更主要是相关国家基于个体利益的实力竞争以及权宜性合作,而治理政治更主要是所有参与者基于长期共同利益的多元协商以及基于规则的个体利益博弈。二者交互影响,共同推进了南极政治进程及其时代主题的演变[3]。

我国参与极地国际事务是在相关国际法赋予的权利下进行的。在北极,我国在北冰洋公海、国际海底区域享有《联合国海洋法公约》规定的科研、航行、飞越、捕鱼、铺设海底电缆和管道、资源勘探与开发等权利。根据《联合国海洋法公约》规定,在获得北冰洋沿岸国同意后,我国可在其专属经济区和大陆架开展科研调查,并享有相关的无害通过权、过境通行等权利。在《预防中北冰洋不管制公海渔业协定》框架下,我国享有参与中北冰洋公海生物资源调查与国际合作、协商一致参与规则制定等权利。作为《斯匹次卑尔根群岛条约》缔约国,我国国民有权在遵守挪威法律的前提下,自由进出斯匹次卑尔根群岛区域,并平等享有生产和商业活动等权利。此外,我国作为北极理事会正式观察员国,享有参与理事会会议的权利,还可以参加北极理事会下设工作组的工作。在南极,我国是南极条约协商国,享有南极条约体系赋予的相关权利,主要包括享有自由开展科学调查和国际合作的权利、开展南极视察的权利、属人管辖权、参与南极国际治理的决策权以及南极渔业等资源的开发利用权等权利。同时,也负有将南极用于和平目的的义务。我国参与的具有决策权、管理权的南极国际治理机制包括南极条约协商会议、南极海洋生物资源养护委员会、南极环境保护委员会、国家南极局局长理事会等。依法维护我国在极地的权益,保障我国在极地活动的人员、资产和设备安全,日益成为极地政治与战略研究领域的热点话题。

第一节　研究发展历程

1984—2023 年，我国在极地政治与战略研究领域累计发文约 860 篇，其中中文论文 795 篇，英文论文 65 篇（图 2-1）。可以看出，1984—2006 年发文量呈现缓慢增长趋势，从 2007 年开始至今则呈现爆发式增长趋势。2007 年俄罗斯北极海底"插旗事件"的发生，使得我国学者对北极事务的中国参与以及北极战略的制定产生了广泛关注，我国在极地政治与战略研究领域的论文开始呈现井喷式增长，成为该研究领域发文量的变化拐点。尤其进入新时代以来，发文量相比 2007—2013 年有了明显增加。

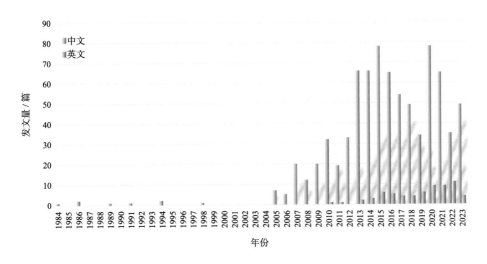

图 2-1　1984—2023 年极地政治和战略研究领域年度发文量

在中国参与北极事务以及北极战略研究方面，国内主要研究成果及代表性观点主要分布在以下两个方面。一是对中国参与北极事务的相关研究。我国学者对北极地区的广泛关注始于 2007 年俄罗斯北极海底"插旗事件"，自此之后，研究者开始关心北极地区的国际形势以及大国北极战略政策的新变化及其对我国北极利益的影响。研究者普遍认为，我国在北极地区拥有重要的资源利益、科学考察利益、环境利益、航运利益以及地缘政治利益等。北极不仅关乎中国经济社会的发展，也关乎中国的安全利益，因此我国应积极参与北极事务。二是中国北极参与的路径与战略制定。由于中国自身地理位置的天然不足，加之北极国家的集体排外倾向，我国如何参与北极成为学者关心的话题。比较有代表性的观点是将域外因素纳入北极治理的视角，提出北极区域治理的有效途径应当是包容性地嵌入全球治理，中国等北极域外国家的负责任参与有助于实现北极的治理目标，从而为我国参与北极治理提供了正当性和现实途径[4]。目前，关于中国参与北极的路径研究主要呈现出两种倾向，一种是探讨中国北极参与所借助的平台，另一种是探讨中国北极参与易切入的领域及战略制定[5]。

在大国北极战略研究方面，国内学者主要是关注美国、俄罗斯等主要极地国家的极地战略研究。其中，早期对美国北极政策的研究中，学者关注到美国官方发布的北极政策文件，涉及的主要内容不只是传统的军事政治安全，而是越来越受到国际社会关注的非传统安全。为维护非传统安全，美国在北极地区采取了一系列的行动，在能源、科研和环境保护等方面单独采取或与他国联合采取了措施并取得了一定效果[6]。现阶段，随着大国战略竞争的加剧以及北极地缘政治态势的变化，美国对北极传统安全特别是对北极军事战略的部署再次提上国家战略的议程。也有研究指出，美国的北极安全战略重点是争取东北、西北航道的自由航行权，反对俄罗斯和加拿大将航行权控制在自己手中，同时主导北极事务，构建最有利于维护国家安全的北极地区秩序[7]。早期关于俄罗斯北极政策的研究中，有观点认为俄罗斯北极战略主要以地缘利益为主导，希望在北极地区重塑大国形象，通过北极航道的开发与管理，打造一条具有安全、经济战略意义的要道[8]。近年来，随着俄罗斯对北极航道、油气资源等经济价值的重视与开发利用，俄罗斯对于北极可持续发展的战略规划日益重视，北极对俄罗斯发展的意义也在不断上升。关于欧盟的北极政策研究中，有观点认为欧盟北极战略一方面是依托"多支点"外交，寻找资源开发与保护之间的平衡点，试图扮演负责任的"公共物品提供者";另一方面,欧盟利用自身的市场优势,成为北极综合发展的"重要合作方"[9]。主要极地国家的北极战略影响着北极地区大国关系的互动和变化,北极的地缘政治竞争从未消停。但学者也注意到,北极地区面临的诸多全球性问题决定了仅仅依靠单个国家的力量根本无法应对,必须进行一定程度的双边或多边合作。

在南极地缘政治研究方面,相关的研究论文更多地将南极地缘政治与南极治理等相关联,有学者指出,在当今大国战略竞争日趋激烈的百年变局下,地缘政治因素不时会干扰南极治理,从而导致南极的治理主体间信任不足、共识赤字等新挑战[3]。

可见,我国极地政治与战略领域的研究是在全球地缘政治格局变迁以及南北极国际治理形势变化的背景下,学者根据极地国际政治的发展态势以及国家参与极地国际事务的现实需求逐步深入展开的。对极地领域政治发展的观察和分析更多是从全球治理和大国战略的视角,将政治、治理、法律等维度相结合,体现出随着我国参与极地国际事务的逐步深入,关于极地政治与战略领域的学术研究视角也日益开拓,研究维度更加全面和多元。

第二节 主要研究机构

1984—2023 年,我国在极地政治与战略领域开展研究的机构数量整体呈上升趋势(图 2-2)。2005 年以前,仅有个别机构进行过非连续性研究工作,自 2005 年该领域研究机构数量开始逐年增长,至 2014 年达到平稳状态。据不完全统计,中国海洋大学、武汉大学、大连海事大学、北京第二外国语学院、复旦大学在该领域发文量位居前列。

根据统计数据,对发文量不少于 4 篇的科研机构构建机构合作关系图谱(图 2-3)。可以看出,极地政治与战略研究主要集中在中国海洋大学、武汉大学、大连海事大学以及复旦大学等科研机构,这些机构是

国内极地政治与战略研究的中坚力量，并形成多个机构合作群：由中国
海洋大学、同济大学和国家海洋信息中心等组成的机构群；由武汉大学、
华中师范大学和中国社会科学院等组成的机构群；由大连海事大学和吉
林大学等组成的机构群；由复旦大学、上海国际问题研究院和中国极地
研究中心等组成的机构群。

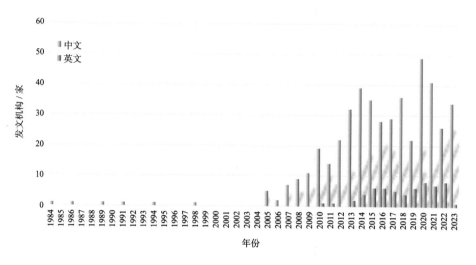

图 2-2　1984—2023 年极地政治与战略研究领域年度发文机构数量

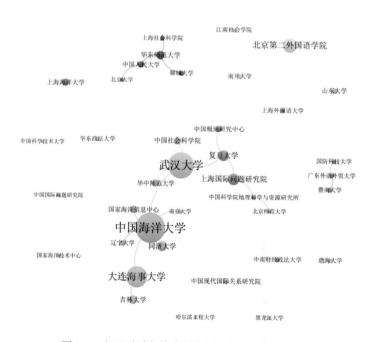

图 2-3　极地政治与战略研究领域发文机构合作关系

　　根据国家极地事务的发展与现实需求，2010—2015 年开展的"南北极环境综合考察与评估"专项资助"极地地缘政治评估"专题，推动了早期国内极地战略和地缘政治研究。该专题由中国极地研究中心牵头，复旦大学、上海国际问题研究院、中国海洋大学和同济大学参与，以国际关系、地缘政治和国家安全为理论基础，建立形成了一个极地社会科学研究学者网络，涵盖战略、国际政治、全球治理、海洋法、海洋经济等跨学科研究领域。

第三节　人才队伍

　　1984—2023 年，我国极地政治与战略领域的研究人数总体呈上升趋势（图 2-4）。特别是新时代以来，我国学界对极地政治与战略领域的研究成果大幅攀升，这与 2013 年我国成为北极理事会正式观察员国以及党的十八大作出了建设海洋强国的重大部署等重要事件密切相关；也和国际格局风云变幻下，极地在大国政治中的重要性不断上升，极地热点事件的增加有关。

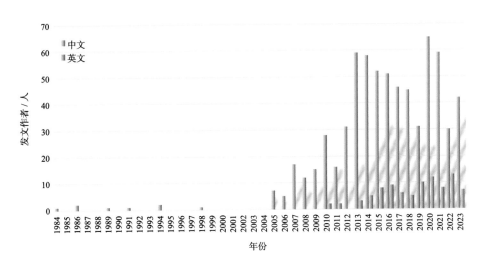

图 2-4　1984—2023 年极地政治与战略研究领域年度发文作者数量

　　根据统计数据，对发文量不少于 4 篇的作者构建了作者合作关系图谱（图2-5）。可以看出，我国极地政治和战略研究多数研究人员以小范围独立研究为主，各作者集群间缺乏密切的交流与协作，只有少数发文作者形成了作者群。

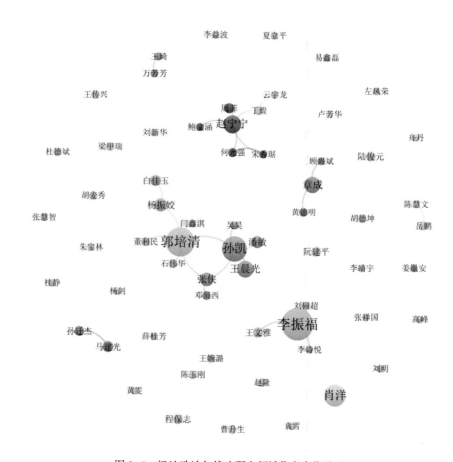

图2-5　极地政治与战略研究领域作者合作关系

由图2-5中可以发现，极地战略政策研究者的重点研究方向各有侧重、自成体系，呈现明显的集中化、团队化趋势：李振福、刘同超、王文雅、李诗悦等形成的作者群，一直从事并聚焦于北极航道政治经济的相关研究；郭培清、石伟华、闫鑫淇、董利民等形成的作者群，主要研究方向为极地政治和战略；孙凯、王晨光、潘敏、吴昊等形成的作者群，主要研究领域为北极政治与战略；赵宁宁、周菲、丁煌、何光强、宋秀琚、鲍文涵等形成的作者群，主要侧重研究大国极地战略和政策。

第四节　公开发表成果和重要研究议题

一、公开发表著作

陆俊元著的《北极地缘政治与中国应对》，从区位、交通、资源等角度分析了北极地区在世界格局中的战略地位与价值；梳理了当今北极国际竞争的新特点，解析了制约北极国际关系运行的地缘政治格局特征；分析了北极国家新的北极战略以及各国在北极地区的活动特点，进而分析了北极对我国的战略意义并提出中国应对北极形势变化发展的相关举措。该著作为分析北极国际关系、理解北极形势、思考中国的应对提供了独特的地缘政治视角[10]。

钱宗旗著的《俄罗斯北极战略与"冰上丝绸之路"》通过对沙俄时代、苏联时期北极开发史的回顾，对21世纪俄罗斯北极地区发展国家政策和战略等文件的阐述，对俄罗斯在北极地区已经取得的阶段性成就和国际合作情况的介绍，探索中俄共建"冰上丝绸之路"的坚实基础、合作领域及未来发展。该著作为关注北极和中俄关系的读者们较为全面地介绍了俄罗斯的北极战略和中俄北极合作的新亮点[11]。

潘敏著的《国际政治中的南极：大国南极政策研究》从国际政治的角度，以现实主义理论为视角，分别从领土、资源、环境等三个议题领域以及从历史和现实的角度来分析南极大国的南极政策、南极地区的政治格局演化和新热点问题以及南极条约面临的挑战。该著作既具有学术价值，也为中国参与南极活动和解决南极问题、争取应有的权益等方面提供了法律和政治依据[12]。

陈玉刚、秦倩编著的《南极：地缘政治与国家权益》，旨在探讨后冷战时期南极地区的地缘政治格局，维护我国在南极地区的国家利益。该著作以（批判）地缘政治为理论基础和切入点，研究南极地缘政治格局及其演变，把握南极地缘政治竞争的基本规律和态势。以此为基础，进一步着重探讨南极安全问题，评估南极环境与气候变化造成的政治和社会效应。该著作对主要南极行为体的国家战略展开了深入研究，进而厘清我国在南极地区的国家利益表现[13]。

图 2-6　极地政治与战略研究领域主要著作

二、新时代高被引论文

（一）中文高被引论文

学术论文被引频次的多少既是评价论文学术质量高低的重要指标，也是衡量科技期刊学术质量和影响力水平高低的重要指标，一定程度上还可反映论文的研究领域是否为热点和潮流。表 2-1 为 2013—2023 年极地政治与战略研究领域中文被引频次排名前 10 的论文，这些论文的研究方向主要涉及北极航道、中国北极战略、北极地缘政治、中国参与北极事务以及中俄北极战略合作等。

表 2-1　2013—2023 年极地政治与战略研究领域高被引论文 Top10

序号	论文题目	第一作者	发文机构	发表年份	被引频次
1	北极通航对中国北方港口的影响及其应对策略研究	王 丹	大连海事大学	2014	95
2	对新形势下中国参与北极事务的思考	贾桂德	中国外交部条法司	2014	64
3	我国北极航道开拓的战略选择初探	张 侠	中国极地研究中心	2016	52
4	国家利益视角下的中俄北极合作	孙 凯	中国海洋大学	2014	52
5	开发"一带一路一道（北极航道）"建设的战略内涵与构想	胡鞍钢	清华大学	2017	48
6	"近北极国家"还是"北极利益攸关者"——中国参与北极的身份思考	阮建平	武汉大学	2016	48
7	北极航线的价值和意义："一带一路"战略下的解读	刘惠荣	中国海洋大学	2015	46
8	地缘科技学与国家安全：中国北极科考的战略深意	肖 洋	北京第二外国语学院	2015	44
9	共建"冰上丝绸之路"的背景、制约因素与可行路径	赵 隆	上海国际问题研究院	2018	43
10	试论北极事务中地缘政治理论与治理理论的双重影响	叶 江	上海国际问题研究院	2013	42

《北极通航对中国北方港口的影响及其应对策略研究》分析了北极通航的前景，从竞争程度、区位条件、腹地范围、网络结构、临港产业等几个方面阐述了北极通航对中国北方港口的影响，并结合中国北方港口的特点，对其优势、劣势、机遇和威胁进行了 SWOT 分析，从完善港口布局、加强基础设施建设、组建战略联盟、开辟北极航线、加大科考和研发力度、与环北极国家进行合作交流以及积极参与北极通航事务等方面为中国北方港口提出了应对策略[14]。

《对新形势下中国参与北极事务的思考》深入分析了当前北极形势的新动向，并对新形势下更好地参与北极事务提出看法和建议。文章指出，在北极新形势下，宜客观理性地认识我国参与北极事务的机遇和挑战，准确把握"近北极国家"和北极利益攸关方的身份定位，做到"三个坚持"。同时继续搭建和巩固双边、多边国际合作平台，用好北极理事会正式观察员地位，深入参与北极合作，不断提升北极科研水平。适时制定全面系统的北极政策，做好北极公共外交。稳妥参与北极开发利用，为北极的和平、稳定和可持续发展作出贡献[15]。

《我国北极航道开拓的战略选择初探》一文根据北极航道当前发展状况，从开拓北极航道的战略选择角度，针对航运条件、法律和地缘政治等方面对北极东北航道、西北航道和穿极航道三条不同海运路径做了概括性比较，以期为北极航道发展的战略选择做一些前期思考。研究结果如下。一是近年来虽然世界贸易和航运业不景气，但北极航运逆势而上，呈现扩大化增长趋势，无强力破冰船引航的商船独立航行时代已初见端倪。二是三条北极航道处于不同发展阶段：东北航道发展最快，散货船和油气轮方式的资源过境运输已形成小规模的运营业务；西北航道次之，正在尝试散货船的资源运输；穿极航道过境通行潜力开始受到越来越多关注。三是我国北极航道开拓应采取"用一个、试一个、探一个"的发展思路，即东北航道做实质性的投入；西北航道做尝试性的投入；穿极航道做探索性的投入。四是科学考察和商业利用是我国北极航道开拓和利用的先导，鉴于北极航道不同的国际法和地缘政治环境，作为"一带一路"北线的实施，3条北极航道可采取"对接"和"探索"并行的发展策略[16]。

《国家利益视角下的中俄北极合作》从国家利益的视角出发，以中俄北极利益以及相应的政策、实践为核心，对中俄北极合作及其前景进行了分析。文章指出，中国北极利益的实现，需以俄罗斯在北极地区的利益得以实现或未受侵害为前提。中俄在北极地区的关系总体上是俄强中弱、俄占主导，在中俄北极关系的发展中，中国应以参与北极环境保护合作为基础，资源开发合作为重点，进而在航道开发利用、军事安全领域寻求机会[17]。

《开发"一带一路一道（北极航道）"建设的战略内涵与构想》提出"一带一路一道（北极航道）"的战略设想，并对"一带一路"2.0版本在安全、高效和环保方面的战略内涵进行深入分析，最后提出尽快形成中长期北极战略的"三步走"构想：从生态科考到基础设施建设合作，最后实现"一带一路一道"全线通航。全面促进经济全球化、贸易全球化、投资全球化，为21世纪世界发展提供新思路、新构想、新路径、新方案[18]。

（二）英文高被引论文

表2-2　极地政治与战略研究领域英文高被引论文

序号	论文题目	第一作者	发文机构	发表年份	被引频次
1	The impact of energy cooperation and the role of the one Belt and Road initiative in revolutionizing the geopolitics of energy among regional economic powers: an analysis of infrastructure development and project management	吴　昊	吉林大学	2020	28

序号	论文题目	第一作者	发文机构	发表年份	被引频次
2	Emerging interests of non-Arctic countries in the Arctic: a Chinese perspective	洪 农	中国南海研究院	2014	17
3	Using critical geopolitical discourse to examine China's engagement in Arctic affairs	苏 平	同济大学	2023	9

2013—2023 年极地政治与战略研究领域英文高被引论文的主要研究方向涉及"一带一路"倡议与北极战略、中国参与北极事务、北极地缘政治等。

《The impact of energy cooperation and the role of the one Belt and Road initiative in revolutionizing the geopolitics of energy among regional economic powers: an analysis of infrastructure development and project management》一文中，吉林大学吴昊等研究者探讨了"一带一路"倡议如何影响能源合作和基础设施发展所引发的地缘政治，并指出"一带一路"倡议将有助于重塑现有的能源秩序以及能源地缘政治，并以多方的能源合作为动力[19]。

《Emerging interests of non-Arctic countries in the Arctic: a Chinese perspective》一文中，中国南海研究院的洪农指出，我国的北极权益包括参与北极治理事务、促进本国和他国在北极地区的外交和潜在资源的获取以及开发航运机会和开展极地研究。中国成为北极理事会正式观察员国，加强了与北极国家的双边关系，参与了该地区的资源开发，但中国的北极战略仍面临许多挑战[20]。

《Using critical geopolitical discourse to examine China's engagement in Arctic affairs》一文中，同济大学苏平等用批判性地缘政治话语审视我国对北极事务的参与。作者在考察了经济、政治、科学和文化领域的案例后，认为中国强调合作和尊重北极国家的主权。但中国"近北极国家"的身份定位遭到了美国和其他国家的拒绝[21]。

三、重点研究议题

根据极地政治与战略领域的相关文献，制作关键词词云图。由图2-7可知，涉及我国极地政治与战略领域的研究方向的主要关键词包括：北极战略、地缘政治、中国、俄罗斯等，可以看出该领域研究热点涉及北极战略以及地缘政治研究等。

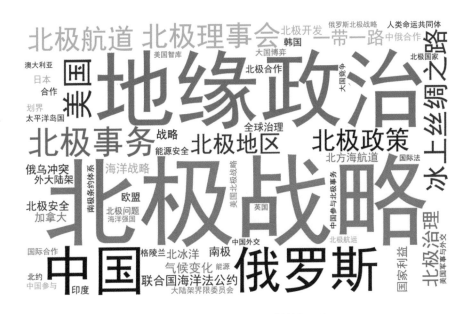

图2-7 极地政治与战略领域关键词词云

（一）北极战略研究

1. 中国北极战略研究

进入新时代后，中国学者更加关心北极国际形势的新变化及其对于中国国家安全和发展利益的影响。对于后者，研究首要集中于中国北极参与的必要性、中国北极参与的路径等方面。其次是中国北极参与的路径与战略制定。由于中国面临地缘身份的天然不利，因此如何更好地参与北极事务成为研究者关心的话题。针对该问题的研究主要呈现两种倾向，一种是探讨中国北极参与可以借助的国际组织和机制，另一种是探讨中国参与北极事务的具体领域及战略制定[5]。

阮建平在《"近北极国家"还是"北极利益攸关者"——中国参与北极的身份思考》一文中提出，随着北极形势的变化和中国参与的逐步深入，作为北极域外国家，中国以何种身份参与北极事务成为国内外日益关注的现实课题。基于当前北极地缘政治和治理政治的交互作用，文章认为，"北极利益攸关者"比"近北极国家"更适合中国的参与身份，有助于更好地说服国际社会认可中国的参与及其相应权益，促进中国的北极国家利益[22]。

王传兴在《中国的北极事务参与与北极战略制定》一文中指出，冷战结束之后，尤其是进入 21 世纪以来，中国开始日益深度参与北极事务，这与国际政治由侧重国家间政治向全球政治演进以及中国对外定位变化这两个因素密不可分。全球政治具有多层次、多主体和所涉议题领域拓宽的特点，为满足全球政治需要，中国应制定综合性的北极战略[23]。

邓贝西在《"全球公域"视角下的极地安全问题与中国的应对》一文中从"全球公域"视角出发，指出极地公域的地理连通性、战略威慑有效性、资源丰富性、大国集聚性以及与其他全球公域的密切配合，使其对于全球安全的重要性不断提升。极地相较于其他类型公域的显著区别在于受到主权的影响，且主权对两极产生影响的程度亦有不同。如何尽可能维护极地公域的边界和保障极地活动空间不受挤压，是包括我国在内的国际社会多数国家在应对极地公域安全问题时需要思考的根本内容[24]。

徐庆超在《北极安全战略环境及中国的政策选择》一文中指出，2019 年 5 月蓬佩奥的演讲标志着北极地缘战略新节点的出现，新冠疫情导致北极地区加速进入所谓"战略竞争的新时代"，疫情暴露和凸显了与北极安全相关问题的脆弱性。在自身北极参与能力的限定下，中国面临的政策选项包括加大北极投入、抽离北极事务、以创造性介入寻求新的平衡。拜登政府在北极的政策选择或将重塑北极安全战略环境，并直接影响到面向未来的中国北极战略[25]。

2. 其他国家北极战略

冷战结束后，美苏争霸对峙的两极格局迅速瓦解，国际政治经济格局发生根本变革，也影响到北极地区。北极地区传统安全的重要性下降，环境安全、资源开发等非传统安全的重要性和国际合作的必要性上升。但这种合作更多地局限于北极国家（俄罗斯、美国、加拿大、丹麦、冰岛、挪威、瑞典、芬兰）之间并呈现日益加深的趋势，而对于与非北极国家开展合作大多较为谨慎。近年来，由于全球变暖和北极航道等因素，北极国家（以俄罗斯和美国为首）加紧制定新的国家战略争夺北极主权与资源，拥有富饶能源和资源的北极正逐渐成为全球新的关键战略核心[26]。不仅包括北极国家，不少非北极国家如英国、德国、日本等也纷纷加大关注度，制定相关北极战略。

在俄罗斯北极战略研究中，陆俊元在《近几年来俄罗斯北极战略举措分析》一文中指出，出于对北极地缘政治利益的重视，俄罗斯积极推进其北极战略，并取得一定成效。主要包括：强化对北极地区的战略控制能力，逐步建立对北极地区多层次地缘政治空间的控制权；积极推动北极"资源战略基地"建设，促进俄属北极地区的经济与社会发展，提高俄罗斯在世界能源格局中的战略地位；努力把控"北方海航道"交通枢纽，博取地缘战略主导权和国际关系主动权；通过科学、法律等领域的工作，积极向北极方向拓展俄罗斯的利益空间[27]。张祥国在《俄罗斯新版北极战略及其发展前景》一文中指出，多年来北约东扩给俄罗斯国家安全带来严峻挑战，2014年的乌克兰危机加速了俄罗斯与西方国家关系的恶化，客观上推动了俄罗斯地缘战略"转向东方"的步伐，重视远东和北极领土的开发成为俄走出困境的重要途径。主动融入亚太地区，充分利用北极自然环境变化带来的新机遇等进一步充实了俄罗斯"转向东方"战略。2020 年前后，俄罗斯集中颁布了系列北极战略文件，从国家层面稳步推进俄属北极地区的发展蓝图重构。受地理环境、国内改革动力、北极地缘政治变化等因素制约，俄北极战略实施也面临长期挑战[28]。赵宁宁、张杨晗在《俄乌冲突背景下俄罗斯北极政策的调整、动因及影响》一文中指出，在俄乌冲突对北极区域政治环境外溢影响日益明显的背景下，俄罗斯顺势调整北极战略推进方向，进一步强化北极地区的军事存在和能力建设，加强北方海航道的内水化管控和商业开发，加快布局与域外国家的北极事务合作，并强化北极民生建设和对原住民的安抚，与其他七国的北极政策调整"遥相呼应"，将对北极地缘政治格局、国际治理格局和域外国家参与北极事务产生重要影响[29]。

在美国北极战略研究中，郭培清、董利民在《美国的北极战略》一文中指出，美国在北极地区拥有北极国家和霸权国家的双重身份，这对其北极战略产生了深远的影响。与其他北极国家相比，美国的北极战略更多地从国家利益和全球战略的层面出发，以维持美国的全球领导地位为核心目标。美国试图以应对气候变化为突破口，获取北极治理的领导权，进而构建有利于美国国家利益和全球霸主地位的北极秩序[30]。王传兴在《美国北极战略演进研究》一文认为，第二次世界大战后，美国北极战略经历了从冷战时期的雏形阶段，到后冷战时期前20 年的成型阶段以及奥巴马时期的确立并伴之特朗普时期的新发展阶段变化。这三个阶段的变化不仅源于北极地区自然环境和政治安全环境的变化，更源于不同时期美国国家安全战略的变化；而美国国家安全战略的变化，则基于国际政治变化导致的美国对国家安全威胁认知和判断的变化[31]。匡增军在《美国北极战略新动向及对北极治理的影响》一文中提出，在北极地缘形势复杂化背景下，美国北极战略调整旨在应对北极地区日益凸显的安全风险，确保美国在北极区域和全球秩序中的领导地位，增强自身参与北极治理的能力建设。美国北极战略新动向将对北极安全治理、发展治理及以北极理事会为核心的区域治理机制走向产生关键性影响。中国应妥善处理与美国在北极的竞合关系，维护在北极的合法权益[32]。

在对其他北极国家和北极域外国家的北极战略研究中，赵宁宁的研究居多。赵宁宁、周菲在《英国北极政策的演进、特点及其对中国的启示》一文中指出，在国际社会"重新发现北极"的时代背景下，英国的北极事务参与意愿逐渐增强，于 2013 年 10 月发布《应对变化：英国的北极政策》，成为首个制定和颁布综合性北极政策文件的域外国家。英国北极政策基于快速变化的北极地缘政治及经济环境，在身份塑造、利益界定和路径选择等方面体现了其卓越的外交智慧和精湛的外交艺术，彰显了其渴望在北极事务中发挥大国影响力的政治志向[33]。赵宁宁在《小国家大格局：挪威北极战略评析》一文中指出，挪威是最早颁布北极战略的北极国家，在北极治理机制调整进程中发挥着不可小觑的影响力。挪威虽然是国际社会小国群体中的一员，但其怀有"北极事务大国"的政治抱负，其北极战略在利益定位、政策工具选择等方面体现了强大的国家治理能力和底蕴深厚的外交文化[34]。在《德国北极政策的新动向、战略考量及影响》一文中指出，德国于 2019 年 8 月发布了新的北极政策文件《德国北极政策方针：承担责任、夯实信任和塑造未来》，强调北极事务的全球性，在关注领域上拓展至传统安全议题，在话语建构上凸显责任担当，将会有效指导德国国内各界在北极地区的行动，提升德国在北极治理中的国际影响力和话语权[35]。赵宁宁、龚倬在《北约北极政策新动向、动因及影响探析》一文中提出，北约北极政策的调整及新动向，与北约近年来的战略功能转型与扩张相契合。在实践中，北约对外高调宣示参与北极事务的意愿，重视气候变化和北极冰融对联盟活动能力带来的负面制约，强化北极军事演练与能力建设，并在话语构建上有意制造与传播"中国北极威胁论"。北约北极政策的调整不仅影响北约的战略转型、搅动原本较为稳定的北极地缘政治环境，还将对中国深度参与北极治理带来严峻挑战[36]。此外，针对加拿大的北极战略研究，郭培清、李晓伟在《加拿大小特鲁多政府北极安全战略新动向研究——基于加拿大 2017 年新国防政策》一文中指出，2017 年小特鲁多政府颁布的新国防政策大幅度减少"主权"一词的使用频率，转向重视北极非传统安全。新国防政策呼吁通过多种举措，监测加拿大北极地区，改善北极地区的通讯状况，增强武装部队在北极地区的作战能力。小特鲁多政府的北极安全战略新动向，对中国参与北极事务，深化与加拿大的双边合作具有重要意义[37]。

（二）地缘政治

1. 北极地缘政治

北极地缘政治的变化在一定程度上是大国地缘政治格局的缩影，全球变暖带来北极海冰融化速度加快，北极资源的开发利用价值快速提升，为北极开发提供了新机遇。科技进步给人类进行北极开发提供了必要的武器，国家间对于资源、关键地理区位的争夺使得北极地缘形势复杂多变，成为国际社会热点地区。除北极沿岸八国外，更有众多域外国家着眼北极事务，以求共享北极发展红利[38]。因此，大国关系对北极地缘政治影响的研究长期都是国内北极地缘政治的研究热点。

夏立平、苏平在《博弈理论视角下的北极地区安全态势与发展趋势》一文中认为，各国围绕北极航道的争议将成为国际政治博弈的热点之一，北极国家关于北极地区领土主权的争议将在博弈中通过谈判趋于解决，北极能源资源开发将在"非零和博弈"中有较大进展，国际北极治理机制将在协调博弈的基础上有所发展。北极国家在北极的军事存在对全球格局的影响将进一步上升，可能导致"零和博弈"[39]。

邓贝西、张侠在《俄美北极关系视角下的北极地缘政治发展分析》一文中指出，俄美北极关系构成推动北极地缘政治发展的主导性力量。同时，北极区域治理机制的存在、合作性共识的建立以及地区在互动过程中形成的一定程度的独立性与排他性，导致作为区域主导性关系的俄美北极关系不完全是俄美全球关系在北极的简单投射，而是呈现出一定的隔离或滞后。以俄美北极关系为驱动的地缘政治核心层和不断增强作用的治理层之间的互动，构成北极地缘政治发展的基本构架[40]。

赵宁宁、欧开飞在《全球视野下北极地缘政治态势再透视》一文通过分析俄美欧三方在北极事务上的利益关切以及采取的政策手段，探寻影响北极地缘政治走向的关键因素。文章指出，三方都有保持北极区域和平与稳定的利益诉求，也都有意切割区域政治与域外政治事件的联系，这在很大程度上阻隔了激烈的地缘政治竞争在北极区域重演[41]。

孙迁杰、马建光在《地缘政治视域下美俄新北极战略的对比研究》一文中指出，权力结构冲突和安全博弈是推动美俄两国建构和实施北极战略的主要动因。从战略目标来看，两国都是为了争取和扩大本国在北极地区的权益和安全系数，但两国战略的提出和发展有着不同的国际和国内背景，以及不同的实施路径，这决定了两国北极战略的发展会有不同的困境和前景。美俄两国新北极战略的发展实施和相互作用，又决定了未来北极地区地缘政治的走向[42]。

郭培清、杨楠在《论中美俄在北极的复杂关系》一文中指出，北极国际格局十分复杂，中美俄三国在北极的关系呈现出竞争与合作并存的复杂态势，在博弈中保持多领域的合作，在不同象限有不同的"朋友"或"敌人"的定位，任何简单的解读都无法厘清相互之间的关系。中美俄三国不同的利益诉求和战略逻辑导致俄美合作回旋空间缩小而冲突持续存在，中美竞争导致美方伤及自身，俄罗斯虽然试图"转向自身"，但中俄两国北极合作将继续深化。中美俄作为重要的北极利益攸关方，应探索北极合作新模式，维护北极地区的和平与稳定[43]。

肖洋在《芬兰、瑞典加入北约对北极地缘战略格局的影响》一文中认为，北极逐渐展现出作为联动欧亚美三大洲安全格局的战略价值，北欧不再是欧洲的边缘地带，而是北极地缘战略格局的核心地带。北欧国家选择追随北约的战略，既是俄美战略对抗的压力使然，亦是西方国家判相关。瑞典和芬兰加入北约，将进一步动摇北极地缘战略格局的脆弱均势[44]。

2. 南极地缘政治

在南极地缘政治研究中，国内的主流研究是将南极地缘政治与南极国际治理相结合，重点围绕国家之间在以南极条约体系为法理依据的南极国际治理中的权力政治与博弈展开讨论，并提出相应的中国应对策略。

陈玉刚在《试析南极地缘政治的再安全化》一文中指出，《南极条约》的签订因为冻结了南极的领土主权问题，实现了南极地缘政治的"去安全化"。但随着人类南极活动的增加，不但来自非传统安全的威胁不断增多，而且被冻结的领土问题也面临重新冒出，甚至可能激化的危险。以《南极条约》为基础的南极治理体系无法有效应对新形势下的各种安全威胁，因此南极地缘政治有必要进行再安全化构建，以应对南极地缘政治发展和治理构建中的各种安全挑战[45]。

阮建平在《南极政治的进程、挑战与中国的参与战略——从地缘政治博弈到全球治理》一文中指出，自18世纪末被发现以来，南极不仅是地缘政治博弈的舞台，也日益成为全球治理的重要区域，其政治进程深受地缘政治和治理政治的交互影响。作为这两种机制平衡的结果，南极形成以《南极条约》为基础、多方合作与竞争并存的相对稳定状态。但随着经济技术的发展和环境变化，《南极条约》的局限性日渐凸显，以其为基础的南极政治生态也面临越来越多的潜在挑战[3]。

邓贝西、张侠在《南极事务"垄断"格局：形成、实证与对策》一文中认为，南极条约体系存在掌握优势地位和话语主动权的利益集团，即南极事务垄断集团。该集团由美国和对南极提出领土主张的七国构成，对南极地区陆地和海域资源持"封存"立场。南极事务"垄断"格局从垄断集团国家提交南极条约协商会议工作文件的数量、划设保护区域的面积，以及实施视察的次数等实证分析可得印证[46]。

郑英琴在《地缘政治变局与澳大利亚南极政策新动向解析》一文中指出，地缘政治格局的变迁以及对外部战略环境的认知影响着澳大利亚的对外政策，这体现在涉澳大利亚核心利益的南极事务上。作为南极的地理临近国、主权声索国以及重要参与国，澳大利亚在南极国际事务中一直扮演着引领者的角色。随着近年来大国战略竞争态势对澳外交政策的影响不断加深，澳大利亚更多地从地缘政治和战略竞争的视角看待南极事务，通过加强南极外交、强化南极能力建设、增强在南大洋的海上存在等路径，试图巩固其在南极国际事务中的地位。澳大利亚的南极政策调整，将对中澳南极合作带来一定的影响[47]。

第三章
极地法律与政策

　　南极地区是当前世界上唯一主权归属未定的区域。自 1908 年英国首先提出对南极大陆的主权要求之后，先后又有澳大利亚、智利、挪威、阿根廷、新西兰、法国等 6 个国家以发现、占有、扇形原则等理由宣布对南极大陆部分区域的领土主权要求。到 20 世纪 40 年代，南极大陆 80% 的陆地被上述 7 国提出主权声索要求，而美国和苏联则声明保留对南极提出领土主权要求的依据和权利。为了避免出现愈演愈烈的主权争议和军事活动，在美国和苏联的推动下，各国开始就南极的法律地位进行谈判，最终于 1959 年达成了《南极条约》，并于 1961 年生效。《南极条约》确立了国际南极治理机制的基本规范框架。其中，主权"冻结"、非军事化以及科学研究自由被视为《南极条约》的三大支柱。根据《南极条约》第九条规定，条约成员国分为南极条约协商成员国和非协商成员国。协商国在南极条约协商会议上享有集体决策权，非协商国可以参加南极条约协商会议，但不享有表决权。协商国的决策权经由"协商一致"的表决方式进行，并形成具有不同法律效力的措施、建议、决议或决定等文件。20 世纪 60 年代以后，在《南极条约》的基础上，国际社会陆续通过了《南极海豹保护公约》（1972/1978，签订年份 / 生效年份，下同）、《南极海洋生物资源养护公约》（1980/1982）、《南极矿产资源活动管理公约》（1988/ 未生效）和《关于环境保护的南极条约议定书》（1991/1998），以及历届南极条约协商会议生效的"措施""决定"和"决议"，这些共同构成了南极的法律框架和治理机制。

北极的法律地位和法律体系与南极迥然不同。北极不存在统一的国际条约或法律制度。与南极海洋包围陆地的地理情况不同，北极是陆地包围海洋，主体部分为海洋，因此海洋法成为规范北极事务的重要法律依据。除部分岛屿外，北极大陆和岛屿的领土主权均已确定，但北极八国在相邻海域划界方面尚存在一些争议。北极地区没有适用于北极各种活动的统一国际法体系和制度，不同领域的问题受到不同的国际法文件或制度的规范，主要包括《联合国海洋法公约》《斯匹次卑尔根群岛条约》《世界环境公约》《国际极地水域营运船舶规则》，区域性法律文书（如北极理事会制定的《北极海空搜救合作协定》《北极海洋油污预防与反应合作协定》《加强北极国际科学合作协定》等有法律约束力的文件）。

在国内法层面，依据 2004 年《国务院对确需保留的行政审批项目设定行政许可的决定》（第 412 号令），国家海洋局相继制定和发布了《南极考察活动行政许可管理规定》《南极考察活动环境影响评估管理规定》《南极活动环境保护管理规定》《北极考察活动行政许可管理规定》等规范性文件，对国内极地考察活动的实施进行科学化、规范化、法制化管理。2015 年 7 月，第十二届全国人大常委会第十五次会议通过新的《中华人民共和国国家安全法》，从法律层面界定了中国国家安全的内涵和外延，其中包括维护在极地等新兴领域的国家安全。2015 年 10 月，第十二届全国人民代表大会第三次会议环境与资源保护委员会审议了《关于制定南极活动管理法》议案，该议案认为南极活动立法是维护我国权益、履行国际义务的必要手段，意义重大。2019 年 3 月，全国人大常委会决定将首部南极立法列入十三届全国人大常委会一类立法规划。

极地领域的法律规章是极地国际治理的法理依据，也是各国参与极地国际事务需要遵循的基本规范。对极地相关法律问题的研究，有助于我国更加深入地参与极地国际治理，更加有效地维护我国的极地安全和权益，推动构建更加公正合理的极地治理新秩序。与此同时，通过借鉴极地大国的政策法律形成与实施经验，构建符合我国利益与需求的极地政策法制体系，可为我国今后处理相关极地事务提供相应的法律依据和对策，维护我国极地权益。

第一节　研究发展历程

1984—2023 年，我国在极地法律与政策研究领域累计发文约 443 篇，其中中文论文 411 篇、英文论文 32 篇（图 3-1）。2007 年俄罗斯在北冰洋洋底"插旗事件"和 2008 年美国国家地质勘探局发布关于北极地区未探明的油气潜能评估报告这两个事件引发了我国国内对极地事务的高度关注。在此之前的法律政策研究以南极为主，在此之后，北极相关的国际法、北极航道和北极政策的文章开始爆发式出现，促使了整体发文量的增长。

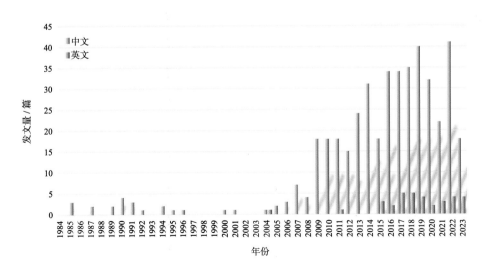

图 3-1　1984—2023 年极地法律与政策年度发文量

可以发现，中国人文社会科学领域的极地研究一般是以事件激发性研究为主，研究的热度较依赖极地问题的相关事件触动，大致遵循外在驱动型的发展轨迹，在特定时间点出现的外在因素往往成为推动该领域研究呈现显著阶段性特征的里程碑[48]。自 2013 年起，在党中央对极地事业的高度重视以及国家对极地事务的战略规划与推动下，极地法律与政策研究的发文量开始平稳增长。党的十八大作出"建设海洋强国"的战略部署，党的十九大报告和党的二十大报告进一步明确部署"加快建设海洋强国"。作为拓展海洋空间的重要领域，极地日渐成为各方合作的新疆域。极地领域的科研成果随着我国极地事业的发展、对极地国际事务的参与日益深入以及极地在国际事务中的能见度和重要性不断提升而逐渐增加。经过 10 年的不断积累与探索，中国极地实力迅速增强，国内对于极地法律与政策的研究也在不断发展变化。

具体来看，我国关于极地法律与政策的研究起于 20 世纪 80 年代，最早聚焦于南极领域。这与我国南极事业的开展密切相关。1983 年，我国加入《南极条约》；1984 年派出首批南极考察队；1985 年建成我国第一个南极科考站——长城站，同年成为《南极条约》协商国。这一系列重大举措直接推动了国内学术界的研究进程，促使国内涌现出一批南极问题研究的文章。《〈南极条约〉及其法律制度》《围绕南极法律地位的争端》《谈谈南极洲的法律地位问题》等极地法律与政策问题研究的文献自 1985 年开始出现，虽然当时的文献更多属于介绍性文章，还不能称作严格意义上的学术研究，但已经体现出我国学者对于极地法律与政策问题的高度关注。2007 年，俄罗斯在北冰洋洋底"插旗事件"引发了国内学界对于北极法律问题的关注，中国北极人文社会科学研究应运而生[49]。《国际法视阈中的北极争端》《北极争夺凸现法律缺陷》《"北极争夺战"的国际法分析》等几篇文章均发表于 2007 年，是我国人文社会科学领域较早关于北极法律政策的学术文章。在俄罗斯"插旗事件"引发的热度下，学者们开始聚焦北冰洋通航合法性等议题。

图 3-2 南极条约协商会议（2023 年会议合影）

新时代以来，在财政部、自然资源部的大力支持下，"南北极环境综合考察与评估专项"下设"极地国家利益战略评估"专题之"极地法律问题研究"子专题正式启动。该项目由自然资源部海洋发展战略研究所牵头负责，同时吸纳国际关系学院、大连海事大学、中国海洋大学、华北科技学院、西北政法大学和华东政法大学等高校的专家学者围绕极地法律涉及的综合问题和专门问题进行全面的分析研究。该专题为中国开展南北极环境综合考察与评估提供了法律咨询，并积极促进了南北极事务国际交流与合作（图 3-2，图 3-3）。课题组至今仍在持续跟踪研究极地法律相关动态，为我国参与极地国际治理提供智力支撑。

2013 年 5 月，我国成为北极理事会观察员。同年 9 月，中远集团所属"永盛轮"北极东北航线试航成功。这两起事件促使我国对北极法律与政策的研究文章显著增多，其中很大一部分是围绕北极航线相关法律问题的研究[48]。

图 3-3　极地法年会（2023 年会议合影）

2015 年，《中华人民共和国国家安全法》首次将极地安全纳入国家安全范畴。国家需求与极地活动实践推动国内极地研究飞速发展，在研究广度与深度上均有大幅上升，尤其是南极法律与政策问题研究的发文量攀升。

2018 年，《中国的北极政策》白皮书发布，阐明了北极的形势与变化、中国与北极的关系、中国参与北极事务的主要政策主张，是表明中国北极立场及北极政策的纲领性文件，对中国参与北极治理以及与世界各国共促北极发展具有重要的指导意义[50]。白皮书引发了国外学界和国际舆论的热烈关注和讨论，国内学者多以解读白皮书的方式对事件作出直接回应。中国极地法律与政策研究进入了新的发展阶段。

第二节　主要研究机构

1984—2023 年，我国在极地法律与政策领域开展研究的机构数量整体呈上升趋势（图 3-4）。2005 年以前，仅有个别机构进行了非连续性研究工作，自 2005 年该领域研究机构数量开始逐年增长，至 2014 年达到平稳波动状态。

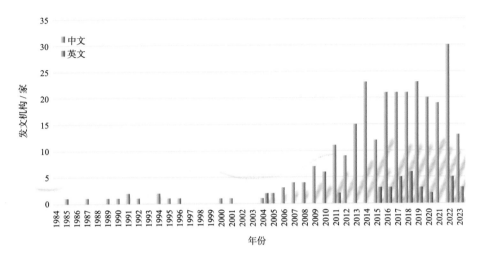

图 3-4　1984—2023 年极地法律与政策年度发文机构数量

整体来看，近年来国内极地法律与政策研究团队已基本形成。各大高校与科研院所分别开展极地法律与政策研究，取得了一系列成果，国内极地法律与政策研究水平进一步提升。在该领域，中国海洋大学、武汉大学、大连海事大学、华东政法大学和哈尔滨工程大学发文量位居前列。

对发文量不少于 3 篇的研究机构构建合作关系图谱（图 3-5）。可以看出，在极地法律与政策研究合作方面形成了多个科研机构群：由中国海洋大学、上海海洋大学和国家海洋信息中心等组成的机构群；由大连海事大学、中国社会科学院和山东大学等组成的机构群；由武汉大学、华东政法大学、上海交通大学和南昌大学等组成的机构群；由上海国际问题研究院、中国极地研究中心和上海外国语大学等组成的机构群；由同济大学、上海大学和南京大学等组成的机构群。

图 3-5　极地法律与政策发文机构合作关系

第三节　人才队伍

1984—2023 年，我国极地法律与政策领域开展研究的作者数量整体呈上升趋势（图 3-6）。如前文所述，由于 2007 年俄罗斯在北冰洋洋底插旗和 2008 年美国发布关于北极地区未探明的油气潜能评估报告事件，导致 2009 年该领域作者数量开始爆发性增长，越来越多的学者开始聚焦极地法律与政策议题，至 2013 年学者数量达到较为平稳的状态。

对发文量不少于 3 篇的学者构建学者合作关系图谱（图 3-7）。可以看出，我国极地法律与政策领域中多数学者以小范围独立研究为主，各作者集群间缺乏密切的交流与协作，主要形成了两个作者群：由武汉大学章成、黄德明和南昌大学顾兴斌组成的作者群；由中国海洋大学刘惠荣、董跃、陈奕彤等组成的作者群。

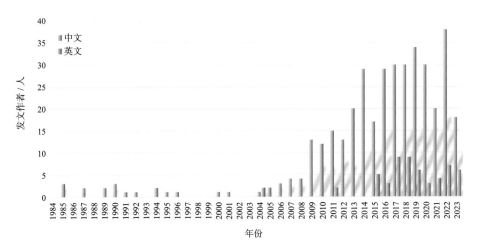

图 3-6　1984—2023 年极地法律与政策年度发文作者数量

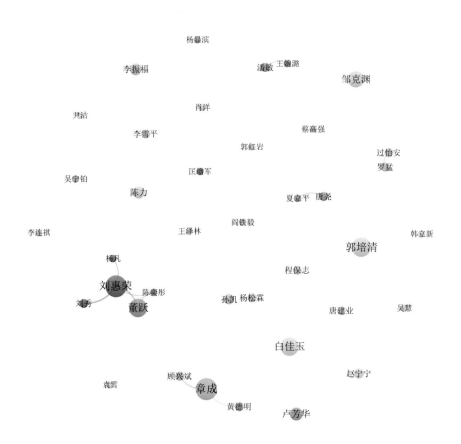

图 3-7　极地法律与政策作者合作关系

由图 3-7 可知，相关高校与科研院所分别组建了极地法律与政策研究团队，开展小范围的独立研究。2008 年，国内首个以极地法作为专门研究方向的博士研究生在中国海洋大学毕业。各大高校和科研院所在承担课题的同时积极培养研究生，不断使更多的年轻力量进入该研究领域。

第四节 公开发表成果及重要研究议题

一、公开发表著作

国内首部全面介绍北极相关法律的著作是 2009 年出版的《北极航道的国际问题研究》一书，该书由中国海洋大学郭培清等编著，全书主要介绍了北极航道概况与北极航道的国际研究活动、西北航道和北方海航道的政治与法律、北极航道生态保护的国际立法和中国视角中的北极航道问题等内容[51]。

刘惠荣等先后撰写的《北极生态保护法律问题研究》《海洋法视角下的北极法律问题研究》《国际法视角下的中国北极航线战略研究》从国际法视域概括介绍了有关北极的法律制度研究；提出了解决北极争端的海洋法路径；分析了北极法律秩序走向并提出了中国的选择。这些著作为我国保障和拓展北极权益提供了法理支撑[52~54]。

自然资源部海洋发展战略研究所自 2015 年起组织撰写了"极地法律制度研究丛书"。该丛书主要包括《极地法律问题》（贾宇主编）、《极地周边国家海洋划界图文辑要》（贾宇主编）、《北极航道治理的法律问题及秩序构建》（密晨曦著）和《斯瓦尔巴①地区法律制度研究》（卢芳华著）等。该丛书对极地法律制度、北极权益热点、北极航道、极地生态保护等问题做了深入的专题分析和研究，并以图文并茂的方式，扼要概括了南北

---

① 后文中"斯匹次卑尔根""斯瓦尔巴德"等与"斯瓦尔巴"为同一词的不同翻译。

两极相关国家的国内立法和划界实践，通过大量图件形象地说明了这些国家的海洋权利主张，涉及领海基线、海洋划界、200 海里外大陆架划界案的进展以及东北航道和西北航道等。丛书中的《斯瓦尔巴地区法律制度研究》是目前国内唯——部研究《斯匹次卑尔根群岛条约》的专著 [55-58]。

潘敏撰写的《国际政治中的南极：大国南极政策研究》从国际政治的角度，以现实主义理论为视角，分别从领土要求、资源、环境等三个方面以美国（原始缔约国、协商国成员）、中国（新加入的缔约国、协商国成员）两个国家为个案，分别从历史和现实维度来分析各大国的南极政策、南极政治格局、南极治理新热点以及南极条约体系面临的挑战 [59]。

陈力撰写的《中国南极权益维护的法律保障》聚焦南极治理机制和南极条约体系重要法律问题，选取"南极治理机制的形成、组织化演变以及南极机制的合法性"等七大前沿法律问题进行深入研究，针对"南极海域法律地位""南极治理机制""南极海洋保护区""南极条约体系的实施与执行""我国南极权益维护的法律保障"等问题提出了明确观点 [60]。

图 3-8　极地法律与政策领域相关著作

二、新时代高被引论文

（一）中文高被引论文

2013—2023 年极地法律与政策领域中文高被引论文信息见表 3-1。现选取部分有代表性的论文阐述其主要内容。

表 3-1　2013—2023 年极地法律与政策领域高被引论文 Top10

序号	论文题目	第一作者	发文机构	发表年份	被引频次
1	南极海洋保护区的国际法依据辨析	陈　力	复旦大学	2016	75
2	《中国的北极政策》解读	杨　剑	上海国际问题研究院	2018	66
3	从破冰船强制领航到许可证制度——俄罗斯北方海航道法律新变化分析	张　侠	中国极地研究中心	2014	65
4	南极海洋保护区建设及法律政治争论	唐建业	上海海洋大学	2016	44
5	由联合国海洋法公约检视北极航道法律争端——兼论中国应有之外交策略	戴宗翰	山东大学	2013	44
6	北极航运与中国北极政策定位	杨　剑	上海国际问题研究院	2014	42
7	"新北方政策"下的韩俄远东 – 北极合作及对中国启示	郭培清	中国海洋大学	2018	40
8	论南极海域的法律地位	陈　力	复旦大学	2014	38
9	北极航道沿岸国航道管理法律规制变迁研究——从北极航道及所在水域法律地位之争谈起	白佳玉	中国海洋大学	2014	38
10	特朗普政府北极政策的调整	郭培清	中国海洋大学	2019	36

《南极海洋保护区的国际法依据辨析》一文以 2009 年世界首个公海

保护区——南奥克尼群岛海洋保护区建立为背景，聚焦南极海洋保护区这一重要议题，以海洋保护区的产生与发展为线索，全面梳理和分析了南极海洋保护区的国际法依据及其特征，揭示了目前南极海洋保护区的设立与管理现状，并从国际法依据的充分性、设立南极海洋保护区的必要性与可行性以及利益平衡等视角探讨了南极海洋保护区的合法性问题[61]。

《〈中国的北极政策〉解读》一文对《中国的北极政策》白皮书进行了权威解读，分析了中国参与北极事务的身份定位和基本原则，指出作为地缘上的"近北极国家"，我国是北极事务的重要利益攸关方，揭示了我国参与北极事务和贡献北极治理的重点方向，同时分析了我国通过国际合作共建"冰上丝绸之路"的发展思路，已成为我国北极政策解析的代表性文献[62]。

《从破冰船强制领航到许可证制度——俄罗斯北方海航道法律新变化分析》一文以俄罗斯联邦政府修订《北方海航道水域航行规则》这一引起国内外高度关注的事件为背景，着重比较了不同历史时期俄罗斯向国际开放北方海航道的法律规则，及时对"北方海航道的法律定义是否有变化""北方海航道破冰船强制领航制度是否有变化"等问题进行了分析解读，至今仍为国内有关北极航道法律制度研究的重要参考文献[63]。

（二）英文高被引论文

2013—2023年极地法律与政策领域英文高被引论文信息见表3-2。我国学者在极地法律与政策领域发表的英文文献不多，被引频次最高的是《China's Arctic policy on the basis of international law: identification, goals, principles and positions》一文。该文从国际法角度对《中国的北极政策》白皮书进行分析解读，全面概述了中国对北极法律地位和框架的认识，介绍了中国参与北极事务的政策目标、基本原则、立场政策和相关实践，最后指出了中国北极政策"以国际法为基础，以追求共同利益为目标"的两个显著特点[64]。

表 3-2　极地法律与政策领域英文高被引论文

序号	论文题目	第一作者	发文机构	发表年份	被引频次
1	China's Arctic policy on the basis of international law: identification, goals, principles and positions	马新民	中国海洋法学会/外交部条约法律司	2019	20
2	The IMO polar code: the emerging rules of Arctic shipping governance	白佳玉	中国海洋大学	2015	18
3	Chinese legislation in the exploration of marine mineral resources and its adoption in the Arctic Ocean	张晏瑲	大连海事大学	2019	15

三、重点研究议题

根据检索出的极地法律与政策研究论文数据，提取出所有论文的关键词字段，并对高频关键词进行统计后，得到极地法律与政策研究领域高频关键词分布（图 3-9）。

图 3-9　极地法律与政策关键词词云

从图中可以看出，极地法律与政策研究领域论文大体可以分为四个领域：北极地区法律争端研究、南极海域法律制度研究、各国极地政策与制度研究和国际法视域下我国极地政策与事务参与研究。其中，"南极条约体系""国际法""大陆架划界""北极航道"等是出现较多、与其他关键词最为密切的几个热点词汇。现就这四个领域分别进行详细分析。

（一）北极地区法律争端研究

随着全球气候变暖的加剧，北极区域的潜在价值正逐渐浮出水面，其资源、航道以及战略地位开始受到全世界各国的高度重视。相较于参与北极事务的其他国家，北极八国（俄罗斯、加拿大、美国、芬兰、冰岛、瑞典、挪威、丹麦）拥有得天独厚的优势：对北极部分陆地、岛屿及海域享有主权、主权权利和管辖权。从总体上看，根据权益类型的不同，各国关注的北极权益可以划分为几大焦点领域，包括北极的国际法地位、北极地区领土、海域及大陆架划分、北极航道的归属及管辖、资源勘探与开发、环境保护（尤其是气候变化）等，而我国学者关于其法理争议的研究也围绕这几方面展开。

1. 北极的国际法地位

从总体上来说，中国学者普遍认为不应按"无主之地"或者依照"扇形原则"来认定北极的法律性质[65-66]。目前来讲，占主流的观点是利用现有的《联合国海洋法公约》所提供的制度框架来确定北极的法律性质：北冰洋沿岸国家可以主张其内水、领海、专属经济区和大陆架。除上述区域外，北冰洋的主体部分应属于公海或"国际海底区域"。根据《联合国海洋法公约》，前者实行公海自由原则，后者则作为"人类共同继承财产"由国际海底管理局负责管理和开发，它们都不能成为国家占有的对象[67]。

吴慧在《"北极争夺战"的国际法分析》一文中从国际法角度分析了有关北冰洋国家提出的"先占""扇形原则""外大陆架制度"等主权要求的依据，厘清了北极法律争端涉及的相关国际法规范[68]。

刘惠荣、董跃等在《保障我国北极考察及相关权益法律途径初探》

一文中指出，从研究现状来看，最具代表性的观点是"历史固有权利"论以及将北极视为"公共领域"进行治理的理论等。由此出发，形成了在国际立法进程中截然不同的两种取向，一种认为应在传统的联合国海洋法公约体系之下来解决北极问题；另一种则认为应参照《南极条约》，在北极地区建立一个类似于《南极条约》的《北极条约》[69]。

李雪平、方正等在《北极地区国家在〈联合国海洋法公约〉下的权利义务及其与地理不利国家之间的关系》一文中详细梳理了北极国家在《联合国海洋法公约》下的权利义务及其与地理不利国家之间的关系，指出《联合国海洋法公约》作为具有普遍适用性的"海洋大宪章"，在北极地区的地位应更加凸显，这也是目前解决相关北极问题的最佳途径[70]。

2. 北极地区领土、海域及大陆架划分

北极国际法律地位的两个特别之处，其一是斯匹次卑尔根群岛所适用的特别国际法制度[71]。斯匹次卑尔根群岛是距离北极点最近的可供人类居住的陆地之一，地理位置极其重要。1920年的《斯匹次卑尔根群岛条约》将主权存在争议的群岛主权赋予挪威，作为补偿赋予所有缔约国在群岛陆地及领水自由进出、从事捕鱼、狩猎、开展海洋、工业、矿业或商业活动的平等权利，从而在斯匹次卑尔根群岛建立了一种"主权明确、权益共享"的解决领土争端的新模式。随着现代国际海洋法的发展，1982年《联合国海洋法公约》将沿海国的权利扩展至专属经济区、大陆架甚至外大陆架，挪威在主张群岛专属经济区和大陆架权利的同时，缔约国与挪威围绕条约是否能扩大适用于群岛上述区域的争议也一并提出，并随着缔约国对北极权益的重视愈演愈烈，争议的焦点在于如何对条约的平等权利适用作出合理的解释。华北科技学院卢芳华就该议题撰写了《〈斯瓦尔巴德条约〉与我国的北极权益》《挪威对斯瓦尔巴德群岛管辖权的性质辨析——以〈斯匹次卑尔根群岛条约〉为视角》《北极公海渔业管理制度与中国权益维护——以斯瓦尔巴的特殊性为例》等多篇高影响力文章，综合介绍了斯匹次卑尔根群岛大陆架的特殊性、挪威与其他缔约国之间关于斯匹次卑尔根群岛大陆架的法律争议以及《斯匹次卑尔根群岛条约》缔约国之间的政治博弈，分析了斯匹次卑尔根群岛平等原则的渊源、法律依据、政治博弈和《斯匹次卑尔根群岛条约》的非军事化原则及其对北极安全的影响[72-74]。

其二是俄罗斯、挪威等国提出的"外大陆架"界限主张。这是目前北极地区领土、海域及大陆架划分方面争议较为集中的问题。吴慧在《"北极争夺战"的国际法分析》一文中总结了有关国家"抢占"北极的原因及法律依据，并根据《联合国海洋法公约》第七十六条的"大陆架定义"分析了北冰洋沿海国家在其外大陆架上的权利义务和大陆架制度对其他国家的影响[68]。贾宇在《北极地区领土主权和海洋权益争端探析》一文中深入探析了北极地区领土主权和海洋权益争端，认为北极地区海域划界争端的显著特点之一是将 200 海里以外大陆架的问题卷入其中，形成独特的沿海国国家管辖海域与国际海底区域之间的"划界"。根据《联合国海洋法公约》，沿海国大陆架外部界限之外的国际海底区域及其资源是人类共同继承的财产，由国际海底管理局代表全人类行使对国际海底区域及其资源的权利，如同地球上其他海洋一样，在国际法的框架下，世界各国都有平等利用北冰洋公海的权利[65]。

刘惠荣、张志军在《北冰洋中央海域 200 海里外大陆架划界新形势与中国因应》一文中认为北冰洋中央海域 200 海里外大陆架划界问题是当前北极地区最敏感、复杂的地缘政治议题之一，我国是国际法的积极践行者和坚定维护者，也是北极事务的重要利益攸关方。在尊重环北冰洋各国依据《联合国海洋法公约》合理争取北极大陆架权利的基础上，提出鼓励各国作出临时安排、支持大陆架界限委员会严格依据《联合国海洋法公约》授权履职并审慎对待科学证据、积极促成北极科考国际合作等建设性方案[75]。

3. 北极航道的归属与管辖

据科学预测，受到全球气候变暖的影响，到 2060 年，夏季时段北极航道的冰川会完全融化，届时北极航道彻底的商业通航将成为可能。正是由于其重要的战略地位、航运价值和潜在的巨大商业价值的不断凸显，俄罗斯与加拿大分别作为北方海航道与西北航道沿岸国，均通过主张北极航道为其内水而掌握对航道的控制权。为此，俄罗斯与加拿大采用了大致相似的方式，使用"直线基线法"来划定相关海域的主权权利，并通过国内立法方式加以确定，利用"历史性水域"一说作为补充。但以美国与欧盟为代表的部分国家反对俄罗斯与加拿大将北极航道划为其内水。各方关于北极航道的法律地位存在争议[70]。

郭红岩在《论西北航道的通行制度》一文中认为《联合国海洋法公约》中的任何一种国际海峡和群岛水域通过制度都不可能照搬适用于西北航道，而是应当结合西北航道现实的法律地位、法律地位确立的依据和历史，考虑加拿大相关的国内立法，依据对加拿大有效的国际法，保护北极环境以及便利国际航运等来确定西北航道的通过制度[76]。

密晨曦在《北极航道治理的法律问题研究》一文中对认定西北航道和北方海航道法律地位所涉及的关键法理问题，包括扇形理论、历史性权利和直线基线做了分析研究，探析了北极航道治理面临的多层面的法律问题解决途径，分析了法律途径解决北极航道相关问题的可行性，并就中国如何有效参与北极航道治理提出建议[77]。

王泽林在《〈极地规则〉生效后的"西北航道"航行法律制度：变革与问题》一文中针对 2017 年 1 月 1 日《国际极地水域操作船舶规则》生效后，加拿大制定的新法存有高于《国际极地水域操作船舶规则》标准的问题进行了深入探究。认为《国际极地水域操作船舶规则》并不能解决加拿大国内法要求外国特定船舶强制报告而产生的争端，这其中涉及《联合国海洋法公约》第二百三十四条授权范围的解释以及国际法上"历史性水域"理论与实践中的争议[78]。

4.资源勘探与开发

北极八国对其大陆架以内的领海、毗连区与专属经济区的主权权利受到《联合国海洋法公约》的明确保护，对其领土、领海、毗连区与专属经济区内的自然资源享有专有开发权。近年来，西方法学界的研究主要集中在北极资源权属以及相关的科学考察和开发行为的法律管制之上，相关的成果也都体现在各国对于北极科考的法律规制之中。

唐建业在《北冰洋公海生物资源养护：沿海五国主张的法律分析》一文中对北极沿海五国"以防止'不管制捕捞'为名，单方面主张实施临时措施，通过科学研究的优势控制北冰洋公海生物资源的利用，以此实现对北冰洋公海生物资源的养护与利用"的垄断行为进行了深入分析。该文讨论了临时措施的法律效力，辨析了北极沿海五国推动的北冰洋中部鱼类种群联合科学研究与国际海洋法下的"海洋科学研究"的区别，厘清了渔业研究与区域渔业管理组织之间的关系[79]。

刘惠荣、宋馨在《北极核心区渔业法律规制的现状、未来及中国的参与》一文中认为全球气候变化导致北极渔业资源成为各国焦点，我国作为重要的远洋渔业国家，应积极参与北极渔业开发与保护[80]。

5. 环境保护

目前国内相关研究主要集中在北极环境保护的软法的发展前景以及如何建立统一的北极环境保护条约。另外，应对气候变化日益成为国际北极治理最热点的问题。

董跃、刘晓靖在《北极石油污染防治法律体系研究》一文中认为北极地区石油污染已成为影响北极生态系统的重要因素。目前，对于国家管辖范围内的石油污染主要通过北冰洋沿岸国的国内法、区域内国家的协定以及国际石油污染防治条约和原则加以规制，对于国家管辖范围外的石油污染主要是适用一般性的国际环境法原则以及污染责任人所属国法律[81]。

袁雪、张义松在《北极环境保护治理体系的软法局限及其克服——以〈北极环境保护战略〉和北极理事会为例》一文中认为作为北极环境软法治理典范的《北极环境保护战略》缺乏独立性、行动力、财政资助，成果转化率较低。致力于解决当下困境，可突破国家中心主义藩篱和当下北极理事会的狭隘性，使得北极软法规制更多体现国际社会的共同正义理念，并制定统一的软法程序法[82]。

（二）南极海域法律制度研究

南极是当今世界上唯一没有明确主权归属的大陆。1959年签订的《南极条约》暂时"冻结"了南极的领土主权问题，但条约并未完全明确南极的法律定位，南极究竟是无主地还是公有地，国际社会仍有不同解读。关于南极法律定位的争议与冲突集中反映为两个层面的矛盾：一是南极作为全人类共有之地的公共利益与部分国家主张南极领土主权的国家私利之间的矛盾；二是南极是作为《南极条约》协约国之南极还是作为全人类共有之南极这一现实实践矛盾[83]。

陈力在《论南极海域的法律地位》《论冰架在南极条约体系中的法律地位》《论南极条约体系的法律实施与执行》等文章中讨论了南极治理机制的演进与变革、南极海域的法律地位、南极条约体系的法律实施与执行、中国南极立法等问题。认为经过50余年的发展，《南极条约》已经发展成为庞大的南极条约体系，与建立在海洋习惯法基础上的《联合国海洋法公约》成为两条平行发展的法律体系，两种法律制度存在矛盾与冲突。对南极冰架法律地位的廓清关乎南极条约体系下重要公约的适用范围及其相互关系，进而将对南极国际治理产生重要深远的影响。冰架不属于《南极海洋生物资源养护公约》的适用范围和规制对象，也不在南极海洋生物资源养护委员会的规划区域之内，南极海洋保护区不应包含南极冰架。南极条约区域内海域主权要求缺乏基本的法律和政治基础，是非法和无效的，建议搁置南极地区的大陆架划界问题。承认《南极条约》确立的主权"冻结原则"是我国得以成为南极条约会议协商国成员、参与南极国际治理的前提，也符合我国的国家利益。与南极大陆一样，南极海域对我国也具有重要的战略、科考和经济利益。作为南极事务大国，我国应积极推动南极条约协商会议成员国对南极海洋事务的集体决策权与管辖权，努力维护我国在南极海域的合法权益[84-86]。

部分学者研究讨论了现有的南极条约体系面临的困境与问题。羊志洪、周怡圃在《南极条约体系面临的困境与中国的应对》一文中认为南极条约体系存在较大的内在制度缺陷压力和外在现实挑战。近年来，南极条约协商国纷纷出台新的南极战略，多种新兴力量开始持续向南极聚集，南极环保议题的政治化趋势也愈发明显，南极形势正在发生深刻而复杂的新变化，进而导致国际南极治理未来发展的不确定性明显加剧。我国应以维护南极条约体系和我国南极利益为核心，适时出台南极战略和法律，以科研和环保为核心提升我国南极综合实力，促进南极旅游业高质量发展，推动国际南极治理秩序朝着更为公平合理的方向发展[87]。

进入 21 世纪以来，争夺南极领土主权优势更多是通过争夺海洋权益的方式来实现，南大洋的资源价值和战略价值日益显著，引起了国内学者的关注。其中，划定大陆架外部界限、建立海洋保护区是当前的研究焦点。

1.南极大陆架划界问题

吴宁铂在《南极外大陆架划界法律问题研究》一文中详细介绍了外大陆架的基本法律制度，阐述了南极外大陆架争端的主要原因，详述了南极外大陆架的申请情况，评析了《南极条约》体系与《联合国海洋法公约》的冲突和各自存在的漏洞和缺陷，指出了存在的主要法律问题，探究了南极外大陆架划界的解决模式[88]。吴宁铂在《澳大利亚南极外大陆架划界案评析》一文中深入评析了澳大利亚南极外大陆架划界案，认为澳大利亚抓住了以《南极条约》第四条为核心的"主权冻结原则"产生的解释上的模糊性与不确定性为保留各缔约方原有立场形成了模棱两可的解释效果，在回避南极领土争议这一敏感问题的同时，又利用《联合国海洋法公约》与《南极海洋生物资源养护公约》就沿海国对其亚南极岛屿享有权利的兼容性，为其麦克唐纳群岛、赫德岛与麦夸里岛外大陆架进入南纬 60° 以南的区域主权获得承认提供了充分的国际法依据，从而在几乎未受到任何阻碍的情况下实现了本国南极利益的最大化[89]。

2. 南极海洋保护区问题

南极海洋保护区是南极国际治理中的最新议题。2009 年英国提议的南奥克尼群岛海洋保护区获准设立；2016 年由美国和新西兰提议的罗斯海海洋保护区获准设立。近年来，围绕新的南极海洋保护区的设立与管理展开了新一轮的利益角逐与政治博弈。争议焦点集中于南极海洋保护区的合法性、必要性与可行性等问题，集中反映了国际社会在海洋生物资源养护与合理利用、人类当代利益与后代利益、粮食安全与可持续发展等合法利益之间的平衡与取舍。

部分学者分析了南极特别保护物种制度的合法性、必要性与可行性等问题。陈力在《南极海洋保护区的国际法依据辨析》一文中认为，作为《联合国海洋法公约》《生物多样性公约》的成员国以及南极国际治理的重要参与者，我国应当充分利用南极海洋生物资源养护委员会协商一致的决策机制，积极参与南极海洋保护区这一新的南极治理规则的制定，努力引导其朝着有利于维护南极条约体系稳定以及我国南极重大利益的方向发展[61]。

刘冰玉、冯翀在《建立南极海洋保护区的规制模式探究》一文认为，基于对南极海洋保护区利益相关方地缘政治及国家利益的考量，对"统筹"规制模式和"划区"规制模式的选择已成为各方在南极海洋保护区设立过程中的争议焦点。两种规制模式的选择体现了各方在南极海洋保护区设立速度、保护标准等问题的不同立场。各方对两种规制模式的选择和争议在一定程度上影响着已设立或是将要设立的南极海洋保护区管理的实际保护效果[90]。

（三）各国极地政策与制度研究

在全球化时代和全球气候变暖的背景下，人类探索和开发利用极地地区的能力因科技进步而大幅提升，这也使得人类在极地地区更加积极地开展不同类别的活动，极地治理面临着多重风险和挑战。与此同时，多国推出越来越积极的极地政策，综合利用政治、外交、法律、科考和环保等手段，不断增强自身在极地地区的实质性存在，提升在极地政治中的国际地位，希望尽可能维护本国极地利益。学者们比较相关国家的极地政策，研究各自政策的基本内容、主要特点、变化动因和发展趋势，分析其对于制定极地政策的借鉴意义，探讨我国与相关国家在极地领域的竞合策略。

经过十余年的探索，国内学者基本做到全领域覆盖，对主要北极国家、近北极国家、南极门户国家和相关南极大国的政策研究皆有所涉及，主要包括美国、俄罗斯、加拿大、英国、澳大利亚、新西兰、阿根廷、智利、挪威、日本、德国、南非、印度、韩国和巴西等。其中，美国的南北极政策、俄罗斯和加拿大的北极政策是研究重点，其次是澳大利亚、新西兰、英国等国的南极战略。

杨剑主编的《亚洲国家与北极未来》一书提出，随着气候变化的不断加剧和海冰的迅速融化，北极地缘环境、地缘政治、地缘经济正在发生前所未有的深刻变化，北极与全球特别是亚洲国家的纽带联系也更趋密切。书中提出了"嵌入全球的北极治理"观点，认为北极的有效治理、环境保护、资源开发、航道利用，都离不开域外国家特别是亚洲国家的积极参与；并对日本、韩国、印度等国家的北极政策进行了详细分析，对亚洲国家如何更好地参与北极治理和开展国际合作展开了深入的探讨[91]。

董跃在《论欧盟北极政策对北极法律秩序的潜在影响》一文中分析了欧盟北极政策对北极法律秩序的潜在影响，发现欧盟北极政策的核心在于环保和资源，欧盟非常看重其在北极的"特殊存在"。欧盟北极政策将推动北极法律秩序稳定化，包括确立《联合国海洋法公约》的基础地位，在环保等领域多边协议的形成，在油气、防灾、高纬度渔业等方面推出新的条约。但是欧盟北极政策也体现出各利益集团在北极法律事务中的相关矛盾将进一步强化[92]。

匡增军、马晨晨在《印度新北极政策评析》一文分析了 2022 年 3 月印度发布的《印度与北极：建立可持续发展伙伴关系》，认为印度北极政策明确了其北极利益、政策目标和实施路径，凸显其北极身份定位的特殊性，反映了印度注重北极经济利益的政策导向和利用自身优势全方位参与北极事务的政策思路，对未来印度北极实践具有很强的指导意义。但受限于印度自身能力、伙伴关系建设基础和北极地缘态势变化等因素，印度北极政策的目标短期内难以达成[93]。

张祥国、李学峰等在《俄罗斯新版北极政策的目标选择与中俄合作空间》一文中提出，俄罗斯通过北极航道连通太平洋、北冰洋和大西洋的地理优势以及紧邻亚太巨大消费市场和产业集群等经济区位优势，使俄罗斯在融入亚太区域经济合作的同时，既能够带动远东地区的经济增长与繁荣，也能够巩固北极利益，从而在东西方之间取得平衡，同时也为在长远战略上谋划国家的可持续发展提供基础[94]。

赵宁宁、龚倬在《北约北极政策新动向、动因及影响探析》一文中以"北约北极政策新动向"为主题，剖析了其新动向的主要表现，探究了北约调整北极政策的背后动因及其可能产生的主要影响。北约北极政策的调整及新动向，与国际政治格局与北极地缘政治博弈存在紧密互动，与北约近年来的战略功能转型与扩张相契合，是其参与北极事务的主观意愿与客观需求共同作用的结果[95]。

孙凯、郭宏芹在《科学、政治与美国北极政策的形成》一文中研究了拜登政府 2022 年 10 月发布的新版《北极地区国家战略》，认为美国最新的北极政策将我国提升北极科研能力的目的解读为具有"情报和军事活动双重用途"。这种认知不利于中美在北极开展科学合作，甚至会阻挠我国在北极地区科学研究的推进。对此，我国一方面要继续夯实自身的科研实力，另一方面还要加强我国北极话语传播能力，积极应对"中国北极威胁论"，利用与北极国家科学合作的既有平台并且积极拓展新的平台，传递我国和平利用北极的理念[96]。

郑英琴在《美国主导全球公域的路径及合法性来源——以南极为例》

一文中以美国的南极战略为例，论述美国在南极"公域化"及治理价值的演变过程中扮演的角色，分析美国为何没有对南极提出主权权利声索的历史背景与战略考量，指出美国通过主导南极治理建章立制的过程以及比较优势的建设，确立并确保其对南极治理的主导权，并通过南极战略服务于其全球公域战略部署[97]。

刘明在《阿根廷的南极政策探究》一文中对 20 世纪 40 年代至 2015 年阿根廷南极政策的发展历程进行了系统分析，指出领土主权导向、注重互利合作以及强调科学研究是阿根廷南极政策的主要特征。认为阿根廷的南极政策提升了该国的南极政治地位，加强了与发展中国家的团结，为我国加强南极战略的投入和南极资源的开发利用等提供了重要借鉴[98]。

吴宁铂、陈力在《澳大利亚南极利益——现实挑战与政策应对》一文中认为，南极一直都是澳大利亚最为重要的战略重点之一。在积极参与南极事务的过程中，澳大利亚通过对其南极利益与面临的挑战所形成的明确具体的认识，逐渐建立起一系列完善、健全的政策机制，并将维护领土主权、加大科研投入、保护南极环境、获取经济收益作为现阶段的主要目标[99]。

（四）国际法视域下我国极地政策与事务参与研究

党的十八大报告提出："要倡导人类命运共同体意识，在追求本国利益时兼顾他国合理关切，在谋求本国发展中促进各国共同发展，建立更加平等均衡的新型全球发展伙伴关系，同舟共济，权责共担，增进人类共同利益。"这是中国 21 世纪后对国际关系和国际法的新认识、新发展。人类命运共同体意识的提出产生了巨大反响，成为国内学界探讨的热点。随着 2015 年《中华人民共和国国家安全法》将极地安全纳入总体国家安全范畴，如何维护极地安全、保障极地权益也引起了部分学者的关注。中国学者的研究主要关注三个方面："人类命运共同体"理念在极地法律问题中的体现、中国极地安全利益、国际法视域下中国在国际极地事务中的角色和路径。

1."人类命运共同体"理念在极地法律问题中的体现研究

关于"人类命运共同体"理念在北极法律问题中的体现，白佳玉、隋佳欣在《人类命运共同体理念视域中的国际海洋法治演进与发展》一文中认为，虽然北极理事会在加强北极环境治理方面发挥了重要作用，但无论是北极环境保护还是构建更为有效的北极治理体系，均非某一国家或区域内国家能够独立完成，需要国际社会通过合作共同实现。因此，要实现北极法治的良好发展，可尝试在人类命运共同体理念指引下推进北极理事会取得实质性机制突破，扩大国家间合作范围，鼓励北极地区外的国家在涉及全人类共同利益事务上积极参与北极相关法律和规则的制定，从而最终促进北极的可持续发展[100]。

对于"人类命运共同体"理念在南极法律问题中的体现，黄德明、卢卫彬在《国际法语境下的"人类命运共同体意识"》一文中认为，《南极条约》的立法目的之一就是维护世界和平，保护人类共同利益，这与其他国际公约的精神一致。虽然南极还存在部分主权主张国的"无主地"主张与多数国家的"人类共同继承遗产"主张之争，但维护世界和平与保护全人类利益已成为主流意识，并得到大多数国家的认可，也体现了"人类命运共同体意识"的理念[101]。

李雪平在《人类命运共同体理念的南极实践：国际法基础与时代价值》一文中认为，鉴于南极地理位置的独立性、自然生态环境的脆弱性及地缘政治关系的自洽性，南极区域有其独特的国际法基础，更凸显其最高"公意"的共同体性质。南极区域的国际造法原理，为人类命运共同体理念的实践提供了极具特色的国际法路径，而构建南极人类命运共同体所需的强行法规律、义务先行要求以及透明度保障，对实践人类命运共同体理念具有重要的时代价值和启发意义[102]。

2.中国极地安全利益研究

刘惠荣、刘秀等在《国际环境法视野下的北极生态安全及其风险防范》一文中认为，目前的北极生态安全及其风险防范存在一定局限性。

全球气候变化与北极的变化相互作用，气候变化作为"全人类共同关注事项"，使北极生态安全问题超越区域局限成为全球议题。以"公域"和"全人类共同关注事项"作为理论依据，北极事务的国际合作可以突破区域性，从全球视野更好地保护北极生态；并允许容纳域外国家参与北极事务中[103]。

吴慧、张欣波在《国家安全视角下南极法律规制的发展与应对》一文中认为，我国进出南极的自由与安全、开展南极科学考察、开发利用南极以及保护南极生态环境等南极利益安全已是我国国家安全的重要组成部分。随着南极活动类型和国际海洋法的不断丰富，南极法律规制呈现出新的发展趋势，主要体现在权利要求的强化，航空、旅游、特别区域和环境损害责任等方面。我国应及早出台南极立法、积极行使国际法权利，并统筹规划国内南极旅游业的发展与管理问题以及关于南极环境损害责任制度的具体对策[104]。

3. 国际法视域下我国在极地国际事务中的角色和路径研究

随着我国实力的不断增长以及对极地国际事务的参与不断深入，如何看待极地在国际事务中的作用成为国家政策考量的一部分；关于我国极地身份的思考和参与极地事务的路径研究也成为学者们的研究热点。2017年1月，习近平总书记在联合国日内瓦总部发表题为《共同构建人类命运共同体》的演讲中指出，地球是人类唯一赖以生存的家园，珍爱和呵护地球是人类的唯一选择。他提出要以"人类命运共同体"为引导，把深海、极地、外空、互联网等领域打造成各方合作的新疆域，并提出了新疆域治理的"和平、主权、普惠、共治"四原则。习近平总书记还呼吁各方要共同推动《巴黎协定》的实施，不能让这一成果付诸东流。2017年5月，国家海洋局发布白皮书性质的报告——《中国的南极事业》。该报告全面回顾了我国南极事业30多年以来的发展成就，提出我国在南极国际事务中的基本立场、我国南极事业的未来发展愿景和行动纲领。2018年1月，我国政府发表《中国的北极政策》白皮书，向国际社会表明了积极参与北极治理、共同应对全球性挑战的立场、政策和责任。

图 3-10　《中国的北极政策》白皮书

近些年，随着我国极地活动空间的拓展和极地综合实力的提升，西方媒体关于"中国威胁论""环境破坏论""资源的饥渴者"等曲解中国极地活动的舆论频频出现。其中既有出于战略考量而有意为之者，也有因相互交流不够或对中国参与极地事务意图不明引起的误解和疑虑。因此，及时展示我国参与国际极地治理的贡献和成就，宣示我国极地事务的政策主张，增信释疑，构建和谐的极地国际环境是一项紧迫任务，也是学者们的关注重点。

杨剑在《〈中国的北极政策〉解读》一文中认为，白皮书的发布标志着中国北极政策的正式成型，反映出当今中国在参与北极治理的过程中努力体现"人类共同利益"和"人类共同关切"，希望北极治理秩序朝着更加合理、公平的方向调整，坚持可持续发展的理念，反对任何以破坏环境为代价的开发。在全球治理平台中，中国正以一个国际极地事业的参与者、贡献者的身份，为北极的环境治理、生态保护和应对气候变化作出自己的贡献；并通过加强与相关国家以及国际组织的合作，为人类和平和永续发展携手共进[62]。

唐尧在《中国深度参与北极治理问题研究：以缔结〈预防中北冰洋不管制公海渔业协定〉为视角》一文中以缔结《预防中北冰洋不管制公海渔业协定》认为中国是制定北极国际规则的建设性参与者，也可以成为深度参与北极治理的先行者。从主观意愿看，中国努力在北极国际规则的制定过程中发挥建设性作用。从客观条件看，北极国家也希望在特定领域的合作中，其他国家能为北极的可持续发展作出贡献。中国可从加强参与意愿、提升参与能力和运用好相关国际制度、机制和组织两个方面通过缔结条约深度参与北极治理[105]。

白佳玉、王琳祥在《中国参与北极治理的多层次合作法律规制研究》一文中认为，囿于国家利益、战略安全、地缘政治等多种因素考量，北极地区形成了软硬法混合的合作治理模式，但软法因其相较于硬法所具有的内容上的灵活性和协商一致的达成形式而更多地为北极域内外国家所采用，弥补了北极地区硬法不足的治理困境并对北极地区硬法的形成起到一定促进作用，有助于深化人类命运共同体理念在北极地区乃至国际社会的普遍尊重和实践[106]。

董跃在《我国〈海洋基本法〉中的"极地条款"研拟问题》一文中认为，综合考虑地理构成、国际关系、立法与政策规划的关系等要素，我国《海洋基本法》立法有必要纳入"极地条款"，可以宣示我国极地事务的基本立场、基本政策并为我国极地立法确定上位法依据。其中，"南极条款"主要宣示我国南极事务基本法律原则，授权制定国家南极事务规划，规定我国可以开展的南极活动，宣示我国将积极参与南极治理和视察等活动。"北极条款"主要宣示我国参与北极事务的原则、主要法律依据及基本范畴，并规定我国开展北极活动的重点领域[107]。

郭红岩在《南极活动行政许可制度研究——兼论中国南极立法》一

文中认为，英国、澳大利亚、日本、韩国等国家都在本国的南极立法中规定了南极活动行政许可制度，设立专门的管理和监督机构，对本国的南极活动进行规范和管理。中国作为南极活动大国，应当在南极条约体系和主要南极国家南极活动行政许可法律制度研究的基础上，在国家基本法律层面的南极立法中，明确规定南极活动行政许可规则及相关法律责任，为南极活动管理提供可靠的法律保障[108]。

吴宁铂在《中国参与南极海洋治理的国际法构建：机遇、障碍与路径》一文中认为，南极海洋治理机制存在的固有缺陷和面临的法律挑战为中国深度参与提供了历史机遇。但部分西方国家片面强调"以规则为基础"的主张和治理理念的分歧以及中国南极立法存在的短板等对相关国际法的构建造成了显著障碍。中国有必要向国际社会充分展现和诠释参与南极海洋治理的国际法理念内涵，努力探索与落实南极海洋治理相关议题的具体国际法构建路径[109]。

第四章
极地治理与合作

极地治理与合作不仅关乎极地国家的利益，还关系到国际社会的共同利益，极地也被纳入全球治理与合作的范围和进程，成为全球治理与合作的重要领域之一。全球气候变暖引发北极地区自然环境的变化、航道价值的日益显现和北极能源资源开发的现实可能性，推动了各国对北极地区的兴趣与关注。北极海洋环境保护、气候变化应对、生态安全等涉及全球性影响的问题，逐渐引发国际社会的广泛关注，需要各国通过多边国际机制合作来应对。北极科学考察、航道开发与利用、应对气候变化及其影响问题、中北冰洋公海渔业问题、海洋生态环境安全与保护等领域成为涉北极国际合作的重点领域。南极治理的重要问题集中在南极治理机制的发展、南极科考与视察活动、科研合作与信息交流、南极资源利用与环境保护、南极旅游等领域，可进一步细分为如下几个议题，即南极条约体系的形成与发展、南极领土主权问题的历史演变、南极科研合作与信息交流、南大洋生物资源养护、南极旅游、南极生物勘探、南极生态环境保护以及南极国际合作等。

我国是极地治理与合作的重要参与者、建设者和贡献者。北极方面，我国是"近北极国家"、北极事务的重要利益攸关方、北极理事会的正式观察员国；南极方面，我国作为南极条约协商国，是南极条约体系坚定的支持者和维护者，也是南极国际事务的重要参与者和建设者。近年来，我国积极参与极地国际治理与合作，倡导构建人类命运共同体的理念，在国际极地治理中的话语权和影响力逐步提升。

第一节　研究发展历程

1984—2023 年，我国学者在极地治理与合作研究领域累计发文 909 篇，其中中文论文 733 篇，英文论文 176 篇。2009 年论文发表数量首次突破 10 篇，达到 16 篇；2018 年论文数量激增，达到 119 篇。如图 4-1 所示，发文量在 1984—2006 年呈现缓慢增长趋势，2006 年中国开始申请成为北极理事会正式观察员，这一事件带动了国内学界对极地领域的研究，发文量在 2007—2017 年呈现大幅增长，2018 年发布了《中国的北极政策》白皮书，这些重要的政策举措引发了国内学界对极地研究的高潮。从图 4-1 可以发现，2018 年关于极地治理与合作领域的发文量创历史新高。

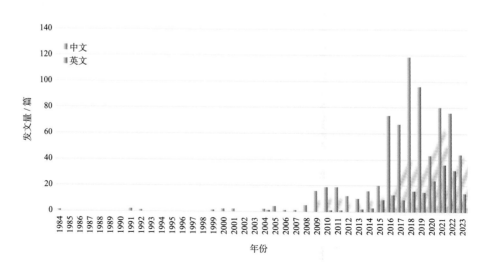

图 4-1　1984—2023 年极地治理与合作年度发文量

南极领域，我国于 1983 年加入《南极条约》，1985 年成为南极条约协商国，之后积极参与南极条约体系等南极治理机制的构建，2007 年，我国成为南极海洋生物资源养护委员会成员，并与 20 多个国家签订合作协议。我国在南极考察和研究、环境保护、后勤保障等领域的影响力不断提升，关于我国参与南极治理的相关研究不断丰富。在南极治理中，我国一贯支持《南极条约》的宗旨和精神，秉持"和平、科学、绿色、普惠、共治"的基本理念，坚定维护南极条约体系的稳定，大力提升南极科学认知，坚持和平利用南极，保护南极环境和生态系统，努力构建南极"人类命运共同体"。2017 年 5 月，第 40 届南极条约协商会议在北京举行，会议通过了由我国牵头，澳大利亚、智利、美国等国联合提出的"绿色考察"倡议。这是我国首次承办南极条约协商会议和南极环境保护委员会会议，"绿色考察"倡议的提出彰显了我国积极保护南极环境和生态系统的意愿，体现了我国对南极国际治理的贡献。

图 4-2　南极海洋生物资源养护委员会第 35 届年会

国内学界对南极治理领域的研究与我国的南极国际参与与政策发展密切结合。有的学者从价值理念与治理秩序的理论视角，分析人类命运共同体理念在南极国际治理中的适用与实践。比如，杨剑、郑英琴指出共识赤字是极地新疆域治理面临的突出挑战，提出"人类命运共同体"理念与南极国际治理需求相契合，可通过在南极治理中践行"人类命运共同体"理念，提升我国的南极国际话语权[110]。郑英琴对南极命运共同体的内涵进行界定，认为可从价值、制度和路径等层面积极推动共建南极命运共同体[111]。有的学者从政策规划的视角，对我国参与南极国际治理的方向与路径提出具体建议。例如，杨剑和阮建平分别指出，要加强在南极治理中的议题设定能力和影响力，提升制度性话语权[112-113]。杨华分析了如何在国际、国内两个层面提升中国参与南极治理的能力[114]。此外，也有学者运用国际机制理论分析，为南极治理机制变革提出新的分析框架。例如，羊志洪、周怡圃、王婉潞等从治理机制的角度出发，指出南极条约体系存在较大的内在制度缺陷压力和外在现实挑战[115-116]。

北极领域，2006 年我国开始申请北极理事会正式观察员资格，关于北极治理的相关研究开始增多，相关研究主要集中于北极国际合作、北冰洋通航、北极治理。张侠是国内首先提出"近北极国家"身份定位的学者[117]。杨剑提出域外因素纳入北极治理的意义与责任，为我国参与北极治理提供了正当性和现实途径[118]。肖洋针对中国作为"近北极国家"该如何构建、开发和利用北极航道以及积极参与航道开发展开了研究[119]。2013 年 5 月，北极理事会第八次部长级会议批准中、日、韩等国作为北极理事会观察员的申请，我国获得参与北极治理的重要平台，关于我国在北极（全球）治理中的角色和路径的研究开始增多。有的学者关注北极治理研究的复杂性。例如，王传兴指出，北极治理是一个系统性的综合课题，它涉及北极治理主体、北极治理机制和北极治理领域等方面的内容[120]。而关于中国北极身份的学术认知则更为多元化。丁煌、赵宁宁认为，中国应努力构建"国际公共品提供者"的身份，作为参与北极治理的重要路径[121]。阮建平认为，"北极利益攸关者"更符合目前的北极政治环境及其未来的治理趋势，有助于中国参与北极事务[22]。2018年我国发布《中国的北极政策》白皮书后，相关研究也出现了新动态和新进展。学者对于北极非传统安全问题愈加重视，如何进行环境治理成为研究热点之一。丁煌、褚章正[122]指出北极地区的生态环境正在发生重大变化，北极乃至全球安全都因此而面临挑战，中国应高度关注北极环境问题，并积极参与北极环境事务。

图4-3 中国－北欧北极合作研讨会

四十年来，尤其是新时代以来，随着极地国际治理的发展以及我国参与极地治理与国家合作的深入，国内学界对复杂国际环境下极地治理与合作的相关研究也逐渐增加，关于国际极地治理与合作的研究迅速发展。这些研究为我国参与全球治理和国际合作提供了参考，同时也为国际社会解决极地领域的治理与合作难题提供了中国智慧和中国方案，作出了中国贡献。

第二节　主要研究机构

1984—2023 年，我国在极地治理与合作领域开展研究的机构数量整体呈上升趋势（图 4-4）。2005 年以前，仅有个别机构开展了相关研究工作，自 2006 年起，该领域研究机构数量开始出现上升趋势且波动性较大，这体现了该领域研究的广泛性和研究机构的参与热情。在热点事件出现时，大量非极地专业研究机构开始关注极地领域，积极开展相关研究并作出了贡献。

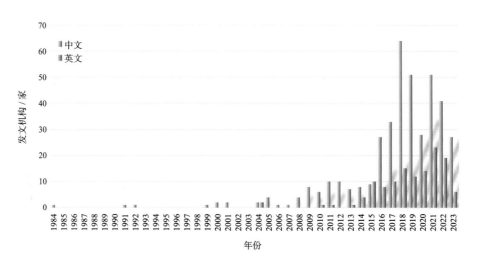

图 4-4　1984—2023 年极地治理与合作年度发文机构数量

近年来国内极地治理与合作研究团队已基本形成，持续进行相关研究的机构已逐步稳定。在该领域内，大连海事大学、中国海洋大学、武汉大学、上海国际问题研究院和上海海洋大学的发文量位居前列。

对发文量不少于 3 篇的研究机构构建机构合作关系图谱（图 4-5）。从中可以看出，在极地治理与合作研究领域形成了两大科研机构群：由中国海洋大学、大连海事大学、武汉大学和上海海洋大学等组成的机构群；由中国社会科学院、北京师范大学和福州大学等组成的机构群。这些合作机构群呈现高度的方向相关性，在地域上较为分散。

图 4-5　极地治理与合作发文机构合作关系

第三节　人才队伍

1984—2023 年，我国在极地治理与合作领域开展研究的作者数量整体呈上升趋势（图 4-6）。如前文所述，该研究方向参与广泛，发文作者数量呈现整体上升趋势且波动较大。

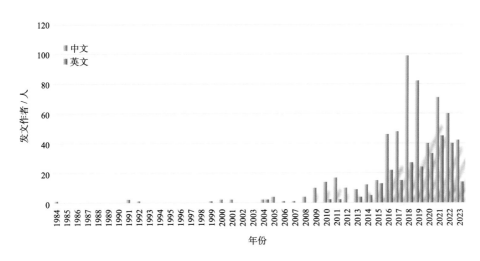

图 4-6　1984—2023 年极地治理与合作年度发文作者数量

对发文量不少于 3 篇的学者构建学者合作关系图谱（图 4-7）。可以看出，我国极地治理与合作研究领域的多数学者以小范围独立研究为主，各作者集群间缺乏密切的交流与协作，主要形成了三个作者群：郭培清、孙凯、白佳玉、杨松霖和张侠等组成的作者群；李振福、李诗悦、刘同超和彭琰等组成的作者群；赵宁宁、丁煌和王晨光等组成的作者群。

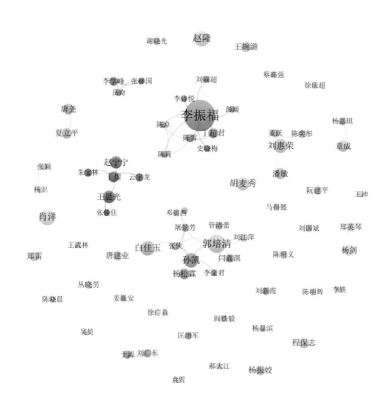

图 4-7　极地治理与合作领域作者合作关系图谱

第四节　公开发表成果及重要研究议题

一、公开发表著作

刘惠荣、刘秀在《南极生物遗传资源利用与保护的国际法研究》一书中以南极生物勘探议题为切入点，通过分析南极条约体系及协商会议的相关议题，提出南极生物遗传资源"在保护的基础上得以利用、利用的基础上加以保护"的二分法理论。作为国内最早涉猎南极生物勘探与遗传资源保护的研究者，为后续南极条约体系的相关法律问题研究提供了基础理论框架，也为我国学者开展"国家管辖范围以外海洋生物多样性的养护和可持续利用协定"（BBNJ 谈判）有关海洋遗传资源议题的研究提供了相关的支撑。[123]

杨剑主编的《北极治理新论》一书从"治理理论和体系探索""治理机构和行为体研究""领域治理的案例研究"三大部分来阐述北极治理理论和实践中遇到的新问题，从气候变化和经济全球化的视角对北极治理的认知角度和知识体系进行了新的探索，提出了北极治理要解决的三大矛盾，分析了北极治理制度变迁的内生动力和外在条件，对全球化条件下北极域内国家和域外国家之间的关系进行了深入的研究，对北极治理理论和体系建设加以丰富和完善[124]。

夏立平主编的《北极地区治理与开发研究》一书运用正在发展的我国新的秩序观和国际关系理论，构建了我国参与北极地区治理与开发战略布局的目标体系和路线图，为推进"一带一路"和"冰上丝绸之路"提供了一些启发人思考的观点[125]。

赵隆在《多维北极的国际治理研究》一书中针对北极问题的综合性、复杂性和跨域性特征，基于主体间的认知异同，提出了"多维北极"概念，探索了北极问题的气候与环境边界，分析了北极的知识权力构成与认知共同体建设，评估了北极多利益攸关方的战略取向和博弈态势，总结了北极开发的成本与收益平衡原则，梳理了北极国际治理的体系化进程[126]。

王婉潞在《南极治理机制变革研究》一书中针对南极治理机制发生的变革以及引发南极治理机制变革的因素等核心问题，建构了包括权力结构与显要规范的分析框架。指出南极治理机制相对成熟，理解南极治理机制变革亦对中国参与新疆域的制度构建具有借鉴意义[127]。

图 4-8　极地治理与合作领域相关著作

二、新时代高被引论文

（一）中文高被引论文

2013—2023 年极地治理与合作领域中文高被引文献信息见表 4-1。高被引论文中有 7 篇仅涉及北极，9 篇涉及北极治理与合作，主要研究方向为北极航道和北极治理机制。

《中俄打造"冰上丝绸之路"的机遇与挑战》一文指出，"冰上丝绸之路"将极大地拓展 21 世纪海上丝绸之路的地缘范围，"一带一路"也由此联通太平洋、印度洋、大西洋、北冰洋等四大洋，中俄开始构建"丝绸之路经济带"与 21 世纪海上丝绸之路陆海联动的合作新格局。"冰上丝绸之路"具有极为重要的商业价值和深远的历史意义，将真正实现"一带一路"贯通并环绕亚欧大陆，连接东亚经济圈至西欧经济圈，联通大洋洲、北美洲、非洲等地区，辐射并影响到全世界[128]。

表 4-1　2013—2023 年极地治理与合作领域高被引论文 top10

序号	论文题目	第一作者	发文机构	发表年份	被引频次
1	中俄打造"冰上丝绸之路"的机遇与挑战	王志民	对外经济贸易大学	2018	80
2	北极理事会的"努克标准"和中国的北极参与之路	郭培清	中国海洋大学	2013	70
3	国家管辖范围以外区域海洋生物多样性焦点问题研究	郑苗壮	国家海洋局海洋发展战略研究所	2017	68
4	不同维度下公海保护区现状及其趋势研究——以南极海洋保护区为视角	桂　静	国家海洋信息中心	2015	68
5	"人类命运共同体"思想与新疆域的国际治理	杨　剑	上海国际问题研究院	2017	58
6	北极治理模式的国际探讨及北极治理实践的新发展	郭培清	中国海洋大学	2015	54
7	我国北极航道开拓的战略选择初探	张　侠	中国极地研究中心	2016	52
8	路径依赖、关键节点与北极理事会的制度变迁——基于历史制度主义的分析	王晨光	武汉大学	2018	50
9	中俄共建"北极能源走廊":战略支点与推进理路	肖　洋	北京第二外国语学院	2016	50
10	机制变迁、多层治理与北极治理的未来	孙　凯	中国海洋大学	2017	49

《北极理事会的"努克标准"和中国的北极参与之路》认为,北极理事会是北极地区高水平的政府间论坛,我国作为非北极国家成为观察员,可获得参与北极事务的重要平台和丰富信息资源。但北极理事会在北极治理的很多方面功能有限,其观察员席位的价值亦不可过度解读。我国可在充分利用包括北极理事会在内的所有与北极相关的国际制度的基础

上，加强与其他观察员国家之间的协调，与北极国家通过多渠道开展双边合作，按照自身能力，承担相应的国际责任[129]。

《国家管辖范围以外区域海洋生物多样性焦点问题研究》认为，一方面，国际协定的海洋遗传资源及其惠益分享制度、公海保护区制度、环境影响评价制度，可能对我国维护和拓展海洋利益和战略空间带来不利影响。另一方面，随着我国海洋经济和科技水平的快速提升，我国有机会、有能力去主动谋划事关我国安全与长远发展的全球海洋战略布局。这对于维护和拓展我国海洋利益和战略空间，建设海洋强国都将具有重大意义[130]。

《不同维度下公海保护区现状及其趋势研究——以南极海洋保护区为视角》从国际海洋法的角度分析了公海保护区的现状，从全球环境公约的角度分析了公海保护区的实践及存在的问题；从国家利益的角度分析了公海保护区的影响以及公海保护区的发展趋势。该文认为，国际社会对国家管辖范围以外的海洋保护区进行了一定程度的规范，虽然存在初步的法律框架，但是缺乏更具体明确的法律依据，公海保护区的法律规范仍有很大的完善空间[131]。

《"人类命运共同体"思想与新疆域的国际治理》认为，当前极地等新疆域的治理面临着治理共识赤字等问题。"人类命运共同体"思想以全人类共同发展为目标，倡导共存、共建、共享等价值理念，与新疆域的治理需求高度契合，有利于解决新疆域治理的主要矛盾。国际合作是在新疆域治理中践行"人类命运共同体"思想的主要路径。作为新疆域国际治理的重要参与者，中国积极倡导在新疆域践行"人类命运共同体"思想，在维护和平价值、支持联合国主导等方面作出了表率[110]。

（二）英文高被引论文

极地治理与合作领域被引频次大于 15 次的英文论文一共 3 篇。

潘敏于 2016 年发表在 *Marine Policy* 的《A precautionary approach to fisheries in the Central Arctic Ocean: policy, science, and China》一文共被引 36 次。该文指出六个北冰洋沿岸国（加拿大、丹麦、格陵兰、挪威、俄罗斯和美国）已同意制定一项国际协议，禁止在北冰洋中部国际水域进行无管制的捕鱼活动。包括我国在内的非北极国家和欧盟等区域组织加入谈判。我国的科学能力为其实践海洋和极地科学外交提供了机会，并为北极合作作出了进一步贡献[132]。

Tillman Henry 联合杨剑于 2018 年发表在 *China Quarterly of International Strategic Studies* 的《The polar silk road: China's new frontier of international cooperation》一文共被引 30 次，该文中指出，将"冰上丝绸之路"纳入首份北极政策白皮书，是中国参与北极事务的历史性一步。近年来，中国与俄罗斯、北欧国家实现政策对接，开展产业、科技合作。中国正在成为俄罗斯和北欧国家在北极地区开展基础设施、能源和交通项目的首选合作伙伴[133]。

白佳玉于 2015 年发表在 *International Journal of Marine and Coastal Law* 的《The IMO polar code: the emerging rules of Arctic shipping governance》被引 16 次，该文回顾了《极地规则》的形成、发展及其原则和规定，阐述了《极地规则》的独特特征，并讨论了未来的预期做法[134]。

三、重点研究议题

根据极地治理与合作领域的相关文献，制作相关的关键词词云图（图 4-9）。由图可看出，涉及我国极地治理与合作领域的主要关键词包括：冰上丝绸之路、北极治理、北极航道、北极理事会、俄罗斯、中国参与等，可以看出该领域重点研究议题为冰上丝绸之路、北极治理以及南极治理等。

图 4-9　极地治理与合作关键词词云

（一）"冰上丝绸之路"治理与合作

2017 年 7 月，习近平总书记在会见时任俄罗斯总理梅德韦杰夫时指出：要开展北极航道合作，共同打造"冰上丝绸之路"，落实好有关互联互通项目。2019 年 6 月，习近平总书记会见俄罗斯总统普京并签署《中华人民共和国和俄罗斯联邦关于发展新时代全面战略协作伙伴关系的联合声明》，提出要推动中俄北极可持续发展合作，在遵循沿岸国家权益基础上扩大北极航道开发利用以及北极地区基础设施、资源开发、旅游、生态环保等领域的合作。支持继续开展极地科研合作，推动实施北极联合科考航次和北极联合研究项目。继续开展中俄在"北极——对话区域"国际北极论坛内的协作。

北极航道的开发利用是共建"冰上丝绸之路"的重要内容。东北航道连接大西洋和太平洋，是中国国际货物运输的可选通道。无论是地理位置、自然条件还是设施建设，相较北极其他通道而言，东北航道皆具有一定的优势。关于如何开发利用东北航道和解决面临的问题，密晨曦在《新形势下中国在东北航道治理中的角色思考》一文中指出，东北航道的大规模商业通航面临诸多挑战，"北方海航道"的法律地位问题尚存争议，航行利益和环境利益间的矛盾也有待平衡。当前，国际海事组织正在制定和完善适用于极区的航行和环境规则，极区航行的国际法律制度亦正在形成中，东北航道的治理进入关键时期。中国应积极探索并促进相关海峡和平利用的有效途径，适时参与相关国际制度、规则和标准的制定，争取在促进东北航道和平、科学、合理利用的过程中发挥积极的作用[135]。

赵隆在《共建"冰上丝绸之路"的背景、制约因素与可行路径》中指出，共同打造"冰上丝绸之路"是中俄两国领导人层面形成的共识，与各方共建"冰上丝绸之路"也是我国北极合作中的最新方向。我国以参与俄罗斯北方航道建设为抓手，既可以深化中俄战略协作伙伴关系的内涵，也可以带动"一带一路"倡议与欧亚经济联盟对接合作的实践，并以此作为经北冰洋连接欧洲的蓝色经济通道建设的主体工程[136]。白佳玉、冯蔚蔚在《以深化新型大国关系为目标的中俄合作发展探究——从"冰上丝绸之路"到"蓝色伙伴关系"》中指出，中俄共建"冰上丝绸之路"拓展了两国在海洋领域的合作空间，亦弥补了现行合作的不足。随着两国蓝色合作进程的不断推进，建立以"冰上丝绸之路"为新起点的中俄蓝色伙伴关系势在必行。蓝色伙伴关系理念可为深化中俄新型大国关系内涵、构建周边海洋命运共同体提供可持续推动力[137]。

（二）北极治理与合作

1. 北极治理机制

1996 年成立的北极理事会是北极治理领域最具代表性的多边国际组织，经过 20 多年的发展，已形成了系统的组织结构和规范的运行机制，成为各利益相关方交换意见、推动北极地区合作的重要平台。2013 年 5 月，我国成为北极理事会观察员，国内学者针对北极理事会成员如何参与北极治理展开了积极研讨。刘惠荣、陈奕彤在《北极理事会的亚洲观察员与北极治理》中指出，北极理事会授予的亚洲观察员在北极事务的参与中具有一定共性，在科研、航运、环保等领域均有不同程度的参与，并对相关规制有其影响力。北极理事会通过出台观察员手册等文件，对其身份和活动内容进行了限制；同时又希望其在尊重《联合国海洋法公约》是北极基本法律框架的前提下为北极事务作出贡献[138]。关于如何通过理事会成员身份同其他国家展开合作，潘敏、徐理灵在《中美北极合作：制度、领域和方式》中指出，中美两国应将北极理事会作为促进北极合作的重要平台，并推动其朝着更加有利于观察员国参与北极治理的方向改革。在应对北极气候变化带来的问题时，中美两国在资源、安全以及科考等诸多领域都拥有广泛的合作空间[139]。杨剑、张沛在《亚洲国家与北极未来》中提出，东亚国家是北极事务的利益攸关者，包括中国在内的亚洲国家参与北极事务、与北极国家开展合作，可带来正能量与建设性贡献[140]。

近年来，学者针对影响北极理事会在治理北极过程中的现实因素展开思考。孙凯、李文君在《角色理论视阈下的北极理事会及其作用研究》中指出，影响北极理事会参与北极治理的内生因素主要是北极理事会轮值主席国的优先议题取向、北极理事会成员国的共识程度以及北极理事会的组织结构因素等；外生因素主要是不断变化的北极自然环境、国际政治演变在北极地区的映射等。在内外驱动力的共同推动下，北极理事会在北极治理体系中扮演了北极治理议题的引领者、北极事务利益的协调者、北极治理规范的供给者等角色[141]。

当代北极治理存在北极国家主导和垄断、排斥北极域外国家参与的倾向。如何推动北极域外国家同北极国家一道，在北极面临的全球性问题上发挥应有的积极作用，成为新的研究课题。杨剑在《域外因素的嵌入与北极治理机制》中指出，北极治理存在着机制滞后和公共产品供给不足的问题，域外国家的参与有助于完善制度并帮助实现治理目标。北极国家针对域外国家的参与，采取了有限纳入和歧视性安排的做法。在此情形下，中国等域外国家应充分利用北极治理的多层结构，合法实现自身利益并承担相关责任[118]。郭培清、卢瑶在《北极治理模式的国际探讨及北极治理实践的新发展》中指出，北极作为国际热点之一，国内外学术界围绕北极治理进行了大量探索，提出了种种方案，主要有"南极模式""制度综合体模式"和"海洋法公约模式"等，但这些方案也面临各种挑战。北极国家与其他重要利益相关体在很多领域存在着诸多共同利益，具体领域的治理可能优于全面的综合涵盖，"领域化"比"区域化"更具可行性[142]。孙凯在《机制变迁、多层治理与北极治理的未来》中通过对北极治理现状及参与行为体的考察，认为北极地区事务治理将逐渐走向有序，北极治理机制将更加制度化。研究还提出北极治理是价值支配下的协调行动，而多层治理模式代表着北极治理演进的方向，多层治理下的北极治理架构将更具开放性、合法性与有效性。只有基于全人类利益理念的北极多层治理，才能实现北极地区事务的善治[143]。

在如何对治理机制进行创新方面，经过对现有北极治理机制进行评估和反思，2016 年，丁煌、朱宝林在《基于"命运共同体"理念的北极治理机制创新》中提出，目前北极的治理理念及其主导下的治理机制都存在一定的局限性和功能不足，不能很好地解决北极治理中出现的新问题。"命运共同体"理念作为中国外交的新理念，对北极治理的机制创新具有重要的指导价值，有利于在北极形成和谐共生、合作共赢的新机制，进而优化北极治理[144]。中国作为"命运共同体"理念的积极倡导者和北极利益攸关者，有责任和义务在北极推广"命运共同体"理念，推动构建"北极命运共同体"，实现人类的共同利益。阮建平、王哲在《北极治理体系：问题与改革探析——基于"利益攸关者"理念的视角》中指出由于其体系的封闭性、结构的不平衡和机制的碎片化，现有的北极治理体系难以有效应对日益复杂的挑战。基于现有改革方案的不足和北极与全球日益密切互动的事实，"利益攸关者"理念有助于缓解由于身份排斥而引发的各种问题，增强北极资源动员能力，提升北极治理的合法性与效能，也为中国参与北极治理提供更强有力的依据[145]。潘敏、徐理灵在《超越"门罗主义"：北极科学部长级会议与北极治理机制革新》中指出，北极气候环境变化在全球范围内产生深刻影响，北极治理全球性需求与"门罗主义"主导北极治理现状之间的矛盾日益凸显。始于2016年的北极科学部长级会议作为北极科学领域的新机制，为各国、国际组织与科学团体等相关行为体参与北极科学合作提供平等的交流平台。中国应通过北极科学部长级会议积极参与国际北极科学合作，提升中国参与北极治理的影响力[146]。

2. 北极治理路径

随着北极面临全球性问题的增多以及综合国力的不断增长，中国北极活动从以科学考察为主扩展至更大范围、更高层面的合作和发展领域。刘惠荣、孙善浩在《中国与北极：合作与共赢之路》中指出，我国作为"近北极国家"，是北极事务的重要利益攸关方。我国在北极的权益应当着眼于积极参与科学考察以及航运、资源开发、可持续发展等北极事务中，坚持合作共赢，以合作促进彼此的共同发展。对于北极事务的基本态度是"积极参与"，核心原则是"国际合作"[147]。

关于如何与其他国家合作进行北极治理，杨剑在《北极合作的北欧路径》一书中指出了我国与北欧国家共建"一带一路"特别是"冰上丝绸之路"的合作基础和可行路径，提出我国和北欧合作发挥"认知共同体"的作用，为共同认识北极、保护北极和利用北极作出贡献[148]。赵宁宁在《中国与北欧国家北极合作的动因、特点及深化路径》中指出，我国应该加强顶层设计，强化政策谋划，深化与北欧国家的北极合作，努力把北欧国家打造成中国深度介入北极治理的战略支点。得益于我国和北欧国家政府领导人的持续推动、双方北极利益关切和政策理念的相互契合，我国与北欧国家的北极合作取得很大进展，但双方北极合作在合作主体、合作层次、合作领域等方面依然存在亟待深化的空间[149]。郑英琴在《中国与北欧共建蓝色经济通道：基础、挑战与路径》中指出，与北欧国家共建经北冰洋连接欧洲的蓝色经济通道是我国"一带一路"倡议的重要组成部分，其与共建"冰上丝绸之路"并行，符合各方长远利益。

北欧国家对我国参与北极事务持积极态度，又有现实需求与共同利益的推动，共建蓝色经济通道具备现实可能性。但也要考虑到中国与北欧国家的合作面临着价值观层面的分歧、北欧各国身份及利益差异、地缘政治博弈所带来的风险等种种制约[150]。匡增军、欧开飞在《北极：金砖国家合作治理新疆域》中指出，金砖国家应充分利用现有合作基础，将北极合作治理纳入合作议程。通过直接或间接参与北极合作治理，最终让北极地区成为金砖国家合作治理的新疆域。同时，金砖国家开展北极合作治理也面临着诸多挑战[151]。

在具体治理路径方面，阮建平、瞿琼在《北极原住民：中国深度参与北极治理的路径选择》中指出，北极原住民是北极治理过程中愈发不可忽视的特殊群体，通过本国相关法律政策内容参与北极理事会和巴伦支海欧洲—北极地区联合理事会，利用国际组织相关规范性文件、平台和全球治理议题来参与北极开发治理。现今，我国参与北极治理面临着新的挑战，这些挑战加之北极原住民在北极治理中的独特地位，促使我国更加重视和主动谋划与北极原住民的合作，加深参与北极治理的路径选择[152]。赵宁宁在《论中国在北极治理中的国际责任及其践行路径》中指出，中国作为地理上的"近北极国家"以及《联合国海洋法公约》缔约国，拥有参与北极治理的合法依据，承担着维护北极治理规范、推动北极资源绿色和可持续开发、保护北极自然生态环境等国际责任。中国应完善涉及北极事务的国内规制，推动北极科学考察的国际合作，协调国内科学家群体参与北极理事会工作组的科学评估工作，并着重构建中国北极国际责任话语体系[153]。

（三）南极治理与合作

南极治理是国际合作与国际博弈的新议题，也是中国参与全球治理的重要组成部分。经过 60 余年的发展与演变，1959 年签订的《南极条约》目前已经发展成为以《南极条约》为核心的南极条约体系，并形成了以该体系为核心的南极国际治理机制。

陈力、屠景芳在《南极国际治理：从南极协商国会议迈向永久性国际组织？》中指出，以 1959 年《南极条约》为核心的南极条约体系在南极国际治理以及南极和平秩序维护中发挥了重要作用，是国际合作的典范。在现有治理机制基础上建立一个永久性国际组织——南极组织，有利于南极条约体系内部机制的整合，进一步明晰其国际法主体地位，而且还将增强其与其他国际组织的联系与互动，促进南极国际治理的民主化与透明度[154]。王婉潞在《南极治理中的权力扩散》中指出，南极治理逐渐出现权力扩散的现象。一方面，一部分政治性权力从南极协商国转移至政府间组织；另一方面，非政府组织和私人企业获得越来越多的社会性权力。南极权力扩散在推动南极治理的同时也为南极治理带来一系列困境。在明晰南极权力扩散的基础上，我国可以根据具体情况采取相应的战略[155]。在"人类命运共同体"理念应用于南极的讨论方面，刘惠荣、郭红岩等在《"南北极国际治理的新发展"专论》中指出，随着全球气候变暖和冰雪融化加速，极地在战略、经济、科研、环保、航道、资源等方面的价值不断提升，越来越受到国际社会的广泛关注。中国在南北极国际治理中，秉持"尊重、合作、共赢、可持续"的基本原则，为认识极地、保护极地、利用极地，推动构建人类命运共同体积极贡献新理念、新策略[156]。郑英琴在《探索共建南极命运共同体：南极国际治理的发展趋势与推进路径》中指出，南极与全球事务的联系日益密切，成为地缘政治、地缘经济、环境生态与地缘科技交织互动的区域。现阶段，南极治理呈现出治理需求扩大化、治理议题联动化、治理理念竞争化等新趋势，面临治理议题结构复杂、治理主体信任缺失、治理制度效能不足等新挑战，需要通过国际合作推动共建南极命运共同体[111]。

在借鉴其他国家南极治理经验方面，学者也从学术层面展开了探讨。赵宁宁在《挪威南极事务参与：利益关切及政策选择》中指出，挪威结合本国对南极国家利益的认知、自身综合实力以及自身参与历程，有针对性地选择南极政策工具和参与路径，有效提升了挪威在南极治理中的国际话语权。挪威南极事务参与中的利益明确、国内协同和规则利用等成功经验，为同样作为南极治理利益攸关方的中国参与南极事务提供了诸多启示[157]。郑英琴在《体系融入模式：印度参与南极国际治理的路径及启示》中指出，作为南极的非主权声索国、非地理临近国、非原始缔约国，印度在南极国际事务上走出了一条独特的参与路径，通过身份的转变与利益的融合，从体系外进入体系内，"融入式参与"南极治理体系，此模式对我国参与南极治理具有一定的借鉴意义[158]。

南极合作也成为中国同其他国家开展国际合作的新增长点和国内学界的研究方向之一。刘明、张洁在《中国与拉美国家的南极合作：动因、实践及对策》中从拉美国家在地缘区位和特定领域中的优势及中国的资金技术优势等方面分析了中拉双方深化南极合作的主要诱因。对中拉在基础设施建设、科研、环境保护、后勤保障、旅游等领域的务实合作展开论述。该文指出，我国应努力吸取拉美国家在南极意识的科普宣传与教育、南极立法等方面的经验，提升南极合作在中拉关系中的战略性地位[159]。

此外，关于南极国际治理，南极环境保护也是其中的研究重点。刘惠荣、陈明慧等在《南极特别保护区管理权辨析》中指出，南极特别保护区是《南极条约》及其议定书所建立的南极生态环境保护的重要制度。南极特别保护区的管理国依据南极条约协商会议审议通过的管理计划在保护区内行使管理权，以实现对特别保护区的有效管理。我国应积极参与到南极特别保护区的设立与事务管理中，以切实维护我国在南极的利益[160]。李学峰、陈吉祥等在《南极特别保护区体系：现状、问题与建议》中指出，南极特别保护区已经从单一保护区发展为多类型保护区体系。美国、英国、新西兰、澳大利亚与智利在保护区选划过程中占据主导地位，主要覆盖南极半岛与罗斯海维多利亚地地区，并通过发展南极保护生物地理区技术作为保护区的重要识别工具。但南极特别保护区体系仍然存在着总体发展进度减缓、保护区信息管理混乱、覆盖率偏低、代表性不足等一系列问题[161]。

第五章
极地历史与文化

极地文化是以极地为背景产生的、带有极地特征的文化，是人类在探索极地活动中形成的物质成果与精神成果的总和。和所有文化一样，极地文化是由物质、精神、制度和行为文化构成的整体系统。极地历史与文化生态并非由单一因素构成和影响，而是动态的、历史的过程，其与极地地区以外的世界发展息息相关，并与外部世界的历史一起成为重塑整个地球环境的文化力量。

极地历史的发展十分悠久，从最早期的人类对极地的探险开始，到极地科考、极地领土主权声索、极地资源开发利用、极地环境保护、极地旅游等，极地在人类发展史上书写了其独特的篇章。极地文化随着人类极地活动的展开而不断形成并丰富，其中，北极地区由于有原住民生活，原住民文化构成了北极文化独特而又重要的组成部分。

了解并尊重极地历史文化是参与极地国际事务的基础。2018年《中国的北极政策》白皮书中提出"尊重、合作、共赢、可持续"的中国参与北极事务的基本原则，强调要"尊重多样化的社会文化以及土著人的历史传统，顾及北极居民和土著人群体的利益，致力于北极的永续发展，实现当代人利益与后代人利益的代际公平"。随着北极区域治理体系的发展完善，北极原住民组织在北极国家、区域及全球等多个层面被视为北极治理的重要力量，逐渐成为参与北极事务不可或缺的力量。正如有关学者提出的，北极原住民组织在推动北极治理发展方向上起到了风向标的作用，由于原住民组织的参与，北极治理的内容更加丰富，不只是作为维护国家利益的工具，也包括了现代公共治理之道。

关于极地历史与文化的研究，国内学界关注的领域主要包括北极原住民的历史文化和北极参与、极地探险与科考的发展史、极地历史遗产保护、极地科普以及我国极地事业的发展史等。此外，还有学者对"近北极民族"的历史文化展开研究，重点关注我国近北极民族如鄂温克族、鄂伦春族、达斡尔族、赫哲族与北极原住民之间的联系。

第一节　研究发展历程

1984—2023 年，极地历史与文化领域发文共 136 篇，其中，中文论文 116 篇、英文论文 20 篇（图 5-1）。从已发表的极地历史与文化相关论文来看，整体发文量较少，2012 年以前，年度发文量不超过 5 篇，说

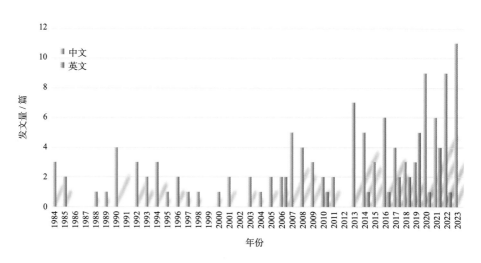

图 5-1　1984—2023 年极地历史与文化领域年度发文量

明国内学者对该领域的关注度不高。2013 年以来，年度发文量显著提升，尤其是 2023 年，发文量超过 10 篇，创历史新高。发文量的增加也说明了越来越多的学者开始关注极地历史与文化研究，该领域正随着极地事务的发展而日益受到重视。

对北极原住民的研究构成了我国在极地历史与文化领域研究的重要部分。这与原住民文化的独特性及其在北极治理中的重要角色密不可分。1996 年，北极八国签署《渥太华宣言》宣告成立北极理事会，北极土著人组织获得北极理事会的接纳，具备了参与北极治理的合法权利。北极土著人组织（包括萨米理事会、因纽特人北极理事会、俄罗斯北方原住民协会、北极阿萨巴斯卡理事会等）成为北极理事会的永久成员。北极土著人组织也成为北极治理中最活跃的行动体之一。随着北极区域原住民非政府组织数量的不断增加，其对所在国和北极事务的影响力日益增大，特别是推动了北极区域治理过程中对原住民的重视 [162]。

自 1925 年加入《斯匹次卑尔根群岛条约》，我国就已经拉开参与北极事务的序幕，但实质性参与要追溯到近十几年。我国对北极原住民议题的关注也随之上升。2007 年，我国签署《联合国土著人民权利宣言》，强调了土著人民享有自决权，基于这一权利，他们可自由决定自己的政治地位，自由谋求自身的经济、社会和文化发展。2013 年，我国参加北极理事会观察员国会议，会议讨论了加强观察员国与北极土著人组织的交流与合作等问题，我国代表阐明了与原住民组织进行合作并促进其可持续发展的希望和立场。在联合国人权理事会第 30 次会议的原住民权利年度专题讨论会的发言中，我国代表团强调要重视保障原住民的生存权和发展权，提高其享有经济、社会和文化权利的水平，推动国际原住民事业不断发展。在第 45 次联合国人权理事会会议发言中强调，要切实采取行动，改善原住民就业、教育、卫生、住房等情况，使其能够充分享受经济社会发展成果，人权得到切实保障。在环境保护与气候治理方面，我国加入《保护臭氧层维也纳公约》《生物多样性公约》《蒙特利尔议定书》等三十多个与环保有关的国际公约或议定书，这些都与北极治理和原住民的生活环境保护息息相关。在国际航运领域，我国积极参加国际海事组织的规则制定，参与了《极地水域船舶航行安全规则》的制定，履行了所肩负的北极海上航行安全保障与原住民所处环境保护等方面的责任与义务。

可以说，我国从涉足北极科考活动，再逐步扩展到北极环境保护、科学研究、航道利用等领域，已形成包括政府、市场、社会等多元参与的主体架构。较为全面地参与北极治理使我国与北极原住民的合作具备了一定的实践基础，但我国在与北极原住民组织开展合作方面经验较为不足。加强对北极原住民经济、社会与文化的考察以及对原住民组织的调研与合作，探索我国与北极原住民交流与合作的新路径，并加强与北极原住民组织在北极治理中合作的新策略，对推动北极可持续发展可发挥积极作用，也是多元合作、共同保护地球家园，共同构建"人类命运共同体"的时代要求。

极地历史与文化是海洋文化的重要组成部分，极地文化的社会普及和"大众化"有助于提高民众对极地的认知，也有助于推动极地科研创新和工作发展。在国家海洋局极地考察办公室的指导与支持下，全国极地科普教育基地如雨后春笋般陆续建立，并因地制宜开展极地科普宣传与教育活动。每年各个极地科普教育基地都会组织多种形式的科普教育活动，收到了良好的社会效果。

图 5-2　极地科普教育基地挂牌

第二节　主要研究机构

与发文量相同，发文机构的数量也在稳步提升，如图 5-3 所示，2023 年发文机构超过 10 家。从图 5-4 可以看出，进行极地历史与文化研究的机构除中国极地研究中心外，以高校占绝大多数。

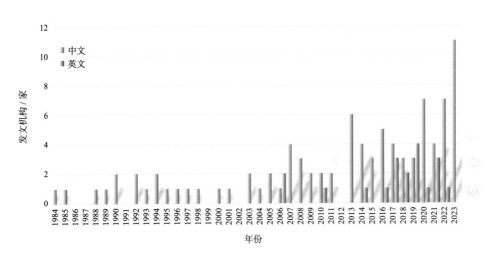

图 5-3　1984—2023 年极地历史与文化年度发文机构数量

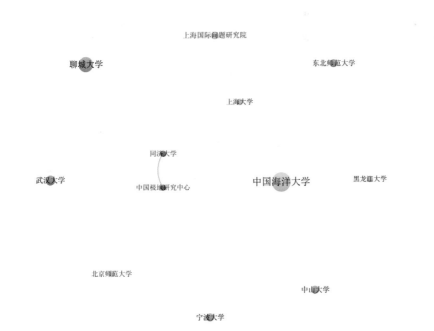

图 5-4　极地历史与文化发文机构合作关系

近年来国内极地历史与文化领域的研究团队力量正在迅速增加。在该领域内，中国海洋大学、聊城大学、武汉大学、中国极地研究中心、同济大学、上海国际问题研究院等为国内研究北极原住民问题的重要机构。

从研究机构合作关系（图5-4）来看，各机构之间多为"单打独斗"，上海的中国极地研究中心与同济大学之间的合作较为紧密。

第三节 人才队伍

如图5-5所示，自2013年后发文作者数量普遍高于2013年之前，且作者数量总体呈波动上升趋势。

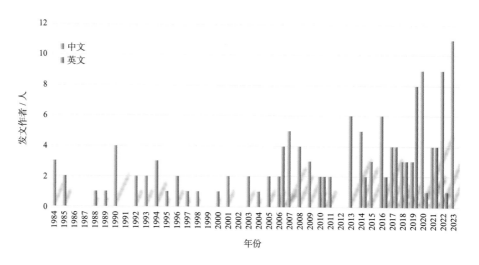

图5-5 1984—2023年极地历史与文化年度发文作者数量

由图5-6可知，极地历史与文化领域的研究人员数量有限，形成的学者团队也相对较少，共形成了三个作者群，分别是：潘敏、张侠和凌晓良；苏勇军、陆月和蒋祺；刘惠荣和马丹彤。整体呈现小范围的独立研究多、集群合作少的态势。

图 5-6　极地历史与文化领域作者合作关系

第四节　公开发表成果及重要研究议题

一、公开发表专著

　　由潘敏所著的《北极原住民研究》是国内首部系统研究北极原住民的著作，对北极原住民在全球气候变化下的政治、经济、社会生活的变迁，在当代北极事务中所起的独特作用以及自治运动做了系统的探索和分析。同时对中国如何参与北极事务，提出了独到的政策建议[163]。

　　由黄庆桥所著的《雪龙探极——新中国极地事业发展史》以国家海洋局历年"中国极地考察报告"、中国极地研究中心历年统计报告等原始文献为依据，以极地考察工作者的日记、回忆录、亲历记等口述史资料为参考，采取纵横结合的写作方式，以时间为经，以重大事件和重大成就为纬，力图反映我国极地事业发展的全貌。全书在内容的呈现上深入浅出，兼具学理性和可读性[164]。

图 5-7　极地历史与文化领域相关著作

二、新时代高被引论文

（一）中文高被引论文

10 篇中文高被引论文中，研究北极地区当地原住民的为 8 篇，占据了一半以上，其他论文是研究俄罗斯地区与北方海航道历史文化的文章，这方面的文章比例也从侧面反映了我国学者目前研究极地历史与文化的关注重点。

表 5-1　2013—2023 年极地历史与文化领域高被引论文 Top10

序号	论文题目	第一作者	发文机构	发表年份	被引频次
1	试论北极区域原住民非政府组织在北极治理中的作用与影响	叶　江	上海国际问题研究院	2013	43
2	北极原住民的权益诉求——气候变化下北极原住民的应对与抗争	邹磊磊	上海海洋大学	2017	28
3	原住民与北极治理：以北极理事会为中心的考察	潘　敏	同济大学	2018	16

序号	论文题目	第一作者	发文机构	发表年份	被引频次
4	论因纽特民族与北极治理	潘 敏	同济大学	2014	14
5	论环境变化对北极原住民经济的影响——以加拿大因纽特人为例	潘 敏	同济大学	2013	12
6	加拿大原住民社会经济发展困境及其与联邦北极政策的关系	郭培清	中国海洋大学	2017	12
7	十月革命前俄国北方海航道开发历史探析	徐广淼	武汉大学	2017	11
8	冰冻圈人文社会学的重要视角：功能与服务	效存德	北京师范大学	2020	10
9	因纽特环北极理事会参与北极治理的权力、路径和影响	闫鑫淇	武汉大学	2020	8
10	俄罗斯北极地区与北方海路开发历史浅析	叶艳华	黑龙江大学	2015	8

《试论北极区域原住民非政府组织在北极治理中的作用与影响》一文指出，进入 21 世纪之后，北极区域原住民非政府组织的发展呈现出数量激增、跨国化发展日趋扩展、对所在国的国内事务及国际事务的影响力增强等特点，而这一切对当前北极区域治理的发展产生了重要的影响。在北极原住民非政府组织的积极参与下，北极区域治理的主体更为多元、北极区域治理的成效也更具可持续性。在当前中国参与北极事务的过程中必须关注北极区域原住民非政府组织在北极治理中的作用与影响[162]。

《北极原住民的权益诉求——气候变化下北极原住民的应对与抗争》一文指出，因为气候变化对北极的影响日益显著，北极的人类活动也日益频繁。在这样的大环境下，为维护本民族的政治、经济、文化地位，作为北极主人的北极原住民就土地权、环境保护、生计与文化传承和北极治理等问题提出了权益诉求。北极原住民权益保护机制的目标是为北极原住民提供最好的条件去适应变化中的北极，使其与自然、经济和文化发展得到最大程度的协调，从而造就"和谐北极"。社会发展与气候变化下的北极必然带来原住民生存生活方式及意识形态的变化，北极原住民需要以合作的态度与国际社会共同应对这些变化[165]。

《原住民与北极治理：以北极理事会为中心的考察》一文详细介绍了原住民组织在北极理事会中的身份与发展历程以及主要活动情况，对其参与北极地区治理的成效与存在的问题进行了深入分析，并对我国如何与原住民组织建立良好关系提出了建议：第一，广泛同原住民组织进行沟通和交流，知晓原住民对北极事务的观点和看法，为日后开展合作奠定良好的基础；第二，在与原住民组织合作的过程中要充分利用好原住民知识，不断开展多种形式的科学研究活动，以积极的姿态面对包括原住民权益保护在内的议题；第三，在符合理事会规定和要求的前提下，中国可以向原住民组织捐款，缓解原住民组织缺少资金支持的压力，帮助原住民提高参与北极地区事务的能力[166]。

《论因纽特民族与北极治理》一文对北极治理的一般原则以及因纽特民族的治理原则进行了重点介绍和分析，并从环境治理、资源使用以及自治政府的设置等三个方面，深入探讨因纽特民族的治理原则在北极治理中的运用。认为当前迫在眉睫的任务是将北极原住民的治理原则运用到北极地区的环境、资源治理和管理中，北极治理应以北极原住民为主角，以他们的治理原则为主导，也应该以他们及其文化保存为主要任务，这样北极地区才能走上真正意义上的可持续发展道路[167]。

（二）英文高被引论文

由北京师范大学的闫巩固负责的国家海洋局项目"极地考察队员岗前心理选拔规范"研究产出的相关文章，《Psychological growth, salutogenic effect and adaptability in Antarctica》2016 年刊发在 *International Journal of Psychology*,《Who will adapt best in Antarctica? Resilience as mediator between past experiences in Antarctica and present well-being》2021 年刊发在 *International Journal of Psychology*,《Resilience as mediator between past experiences in Antarctica and present well-being》2023 年刊发在 *International Journal of Psychology*。这些文章均从心理学等角度来分析南极科考[168-170]。

聊城大学的曲枫的两篇题为《Ivory versus antler: a reassessment of binary structuralism in the study of prehistoric Eskimo cultures》《Body metamorphosis and interspecies relations: an exploration of relational ontologies in Bering strait prehistory》的文章,先后于 2017 年、2020 年刊发在 *Arctic Anthropology* 期刊上,文章分别对早期因纽特人的狩猎文化、利用象牙和鹿角等材料制造狩猎工具和工艺品进行了详细研究[171-172]。

三、重点研究议题

根据检索出的极地历史与文化研究论文数据,提取出所有论文的关键词(keywords)字段,并对高频关键词进行统计后,得到极地历史与文化研究领域高频关键词词云图,如图 5-8 所示。

从图中可以看出,极地历史与文化研究领域的现有文献中,"北极""原住民""民族文化""极地文化""因纽特人"和相应的具体研究地"俄罗斯""北欧""冰岛""冰冻圈"以及最终的落脚点"气候变化""北极治理""北极航道"这几个关键词出现频率较高,通过研读文献可以将以上关键词归为同一领域——北极原住民。此外,关于极地历史与文化的另一重要研究领域是极地科普。随着全球气候变暖而导致的北极地区冰雪覆盖区范围的快速消退,北极气候与环境、生态系统与社会互动、文化发展等问题日益成为国际社会关注的焦点。

图 5-8　极地历史与文化关键词词云

（一）北极原住民议题

北极原住民在北极地区至少有一万多年的居住历史，地理分布非常广阔，形成了丰富的北极原住民传统文化知识体系，在北极事务中发挥着不可替代的作用。深度发掘北极民族的文化特质，从原住民的视角认识北极，从而加深对北极的理解深度，能够为我国进一步参与北极治理打下坚实的知识基础。

关于北极原住民的研究主要分为几类。一是北极原住民基本情况介绍，该类研究主要阐述了北极原住民的发展史、主要的人口结构及分布情况、民族特色以及向现代文明转型过程中存在的问题及面临的挑战。张侠和刘玉新等在《北极地区人口数量、组成与分布》一文中对当时北极地区的人口数量、组成与分布进行了详细介绍，并且预期随着人类在北极地区活动的逐渐频繁，未来十年北极地区人口增长幅度可能会较大[173]；潘敏和张侠等在《论北极原住民的人口结构与社会问题——以加拿大为例》一文中以加拿大北极原住民为例，针对北极原住民的人口结构和社会问题进行了详细介绍，并探讨了北极原住民近年来所面临的人口快速增长以及由此引起的社会问题[174]；马丹彤和刘惠荣在《原住民自治权视角下中国的北极治理参与》一文中详细介绍了北极国家（美国、俄罗斯、加拿大、芬兰、瑞典、冰岛、挪威和丹麦）的原住民大约有40多个不同的民族群体，主要包括分布在芬兰、瑞典、挪威、俄罗斯西北部环极地区的萨米人和分布于俄罗斯北部、加拿大、格陵兰岛、美国阿拉斯加地区的因纽特人。他们世世代代居住于北极地区，以狩猎、捕鱼等传统活动为生计，对土地等资源的依赖程度极高，有独创的语言文化与习俗，形成了丰富的北极原住民传统文化知识体系，具有区域的特殊性、经济的依赖性和文化的独特性，在北极事务中发挥着不可替代的作用[175]；曲枫在《萨满教与边疆：边疆文化属性的再认识》一文中指出北极民族文化间的差异并不是以民族为界的，而是跟环境和生计方式相关。由于环境的适应性在北极民族文化生态的形成中起着不可忽视的作用，因而北极民族存在着一定的文化共性。北极民族大多有着丰富的节庆风俗以及与之相伴的宗教仪式，萨满教是他们普遍的传统信仰[176]；潘敏、张侠等在《论北极原住民的人口结构与社会问题——以加拿大为例》一文中指出以加拿大为例的北极原住民在发展过程中产生的一系列社会问题，如失业、酗酒、自杀、吸毒等，尤其是年轻男性的高自杀率问题，这些问题给原住民社会、经济的发展造成了极大的障碍，呼吁我们引起关注[177]；随后潘敏、夏文佳在《论环境变化对北极原住民经济的影响——以加拿大因纽特人为例》一文中研究了环境变化对北极原住民经济的影响，并指出这种变化对因纽特人利弊参半，前途莫测[178]。

二是北极原住民的权益诉求问题。潘敏、夏文佳在《北极原住民自治研究——以加拿大因纽特人为例》一文中结合政治学的有关理论和社会学的实证方法，围绕加拿大因纽特人的自治省——努纳武特省的建立过程、自治模式、自治实践三个方面，探讨了北极原住民的自治运动的影响因素[179]；邹磊磊、付玉在《北极原住民的权益诉求——气候变化下北极原住民的应对与抗争》一文中认为在气候变化以及北极人类活动日益频繁的大环境下，北极原住民为维护本民族的政治、经济、文化地位，就土地权、环境保护、生计与文化传承等方面提出了权益诉求，相关北极国家与国际社会也日益重视该问题[165]；刘洋在《北极资源开发中的原住民权利保护法律问题研究》一文中主要从法律体系构建的视角来研究原住民权力保护的问题，通过阐述北极原住民权力的法律保护现状，分析法律保护困境及局限性，提出完善北极资源开发中原住民权力保护的法律制度的建议[180]；郭培清、李琳在《加拿大努纳维克因纽特自治：原因、历程及前景》一文中研究了加拿大努纳维克因纽特自治的原因、历程及前景，指出为了实现自我管理、维护固有权力，位于加拿大北极地区的努纳维克不断走向因纽特自治，并在努纳武特地区成功自治的鼓励以及国际法和加拿大国内法的共同保障中，力求建立基于其北极主权及因纽特人价值观、遗产、身份、文化和语言的自治政府，提出其未来发展存在多种可能性，也将面临众多亟待解决的问题[181]。

三是北极原住民参与北极事务的地位及途径。潘敏、郑宇智在《原住民与北极治理：以北极理事会为中心的考察》一文中认为在参与北极地区治理的过程中，原住民的传统知识逐渐得到重视并且越来越多地被运用于北极治理，但由于北极理事会的缺陷、原住民的能力不足和资金的严重缺乏，导致原住民参与北极治理和事务较为有限[166]；艾哈塔木·艾迪哈木在《北极原住民组织参与北极环境治理的路径与作用研究》一文中主要从区域机制、主权国家以及国际三个层面分析了北极原住民参与环境治理的路径，并提出由于国际秩序的特点及原住民组织次国家行为体的特征，其在环境治理方面依然面临各种挑战[182]。

四是原住民组织与中国参与北极治理的关系研究。叶江在《试论北极区域原住民非政府组织在北极治理中的作用与影响》一文中指出，北极区域原住民对北极事务的影响力是通过北极区域原住民非政府组织，尤其是通过跨国原住民非政府组织各种形式的积极活动而形成的，原住民非政府组织参与北极治理的形式多样，最为重要的途径是积极参与北极理事会的活动。我国在参与北极事务中要不断增强对北极原住民和原住民非政府组织各种动向的关注[162]。马丹彤、刘惠荣在《原住民自治权视角下中国的北极治理参与》一文中通过研究发现，原住民自治权对我国参与北极治理具有全面影响。通过北极外交和参与北极科考、环境保护与航道利用以及北极理事会工作等，中国对原住民环境权、经济发展权、资源利用权、文化传承权等权利给予了关注和保障，在与原住民的合作与互动中尊重原住民自治权诉求，使之成为中国参与北极治理的一个重要支撑[175]。彭秋虹、陆俊元在《原住民权利与中国北极地缘经济参与》一文中指出原住民及其团体在社会、经济发展等方面拥有特殊权利，在土地使用、产业活动等领域拥有特殊地位，原住民对北极地区的产业活动和地缘经济具有特殊影响[183]。中国在未来参与北极地缘经济进程中，应切实尊重国际法和当地国家法律赋予原住民的各项权利，在开展相关经济开发活动前应当针对这些权利进行"尽职调查"。闫鑫淇在《信息时代原住民组织参与北极治理及对中国的启示》一文中指出作为北极治理的重要参与主体，北极原住民组织研究对于预判北极治理未来发展方向及中国北极治理参与策略有着重要意义[184]。

（二）极地科普

加强极地文化建设，推进极地文化宣传教育是一个国家软实力的重要体现，也是一个国家综合国力在国际舞台上的展现，在政治、科学、经济、外交、环境、社会等方面都有其深远和重大的意义。极地文化的推广与普及，有利于推动社会大众对极地科学的认识以及对极地工作的支持，也是我们实现"建设海洋强国"目标的重要一环。

廖佰翠等在《极地科普教育：国际经验与中国借鉴》一文中认为极地科普教育是科普教育的重要一环，但相较于渐入正轨的极地科考活动，我国在开展极地科普教育方面尚处于起步阶段，与美国、加拿大、俄罗斯等发达国家相比，无论是极地科普内容、科普方式与手段、科普政策与机制等诸多方面差距明显。推进海洋"极地强国"建设，需借鉴发达国家的经验，充分发挥政府在极地科普教育中的作用，搭建多样化的教育平台，创新科普教育手段与形式等 [185]；朱建钢和夏立民等在《中国极地科普教育的探索与实践——结合国际极地年中国科普活动》一文中分析了我国极地科普的基本目标、特点与基本思路，从实施内容、组织方式和成效等多个视角来对比分析国际极地年期间我国开展的极地方面的公众推广与科普活动，进而提出极地科普工作新的构想和建议 [186]；苏勇军和陆月等在《加强我国极地文化科普教育的思考》一文中建议通过强化政府在极地文化科普教育中的作用，普及极地文化知识、树立极地文化新观念，优化极地文化宣传教育体制机制，完善极地文化宣传教育政策法规等方面来努力建成具有社会主义核心价值的极地文化体系、充满活力的极地文化创造和传播体系、规范完备的极地文化产品体系，基本形成与海洋经济社会发展、国家文化发展水平相当，与功能定位相称，与人民群众需求相适应的文化发展格局，将我国极地文化及公共教育建设成为特色鲜明的文化与传播形态 [187]。

第六章
和平利用与经济发展

党的十八大以来，我国极地和平利用取得新成效。主要体现在极地科考科研活动的深入、极地科学成果的转化、极地海洋科技的发展、极地资源的合理利用、极地旅游活动的开展等方面。

极地科学方面，我国在极地科考站、极地科考设备等基础设施建设以及极地科学研究等领域取得了突出成果。2014年，中国南极第四个科考站泰山站正式建成开站。2018年，中－冰北极科考站正式运行。2019年，中国第一艘自主建造的极地科学考察破冰船"雪龙2"号正式交付使用，2024年，中国南极第五个科考站——秦岭站建成并正式开站。科考站与破冰船建设为我国开展极地科学活动与和平利用极地提供了基础物质保障。极地海洋科学发展与利用方面也取得了重要进展，例如，自然资源部极地科学重点实验室在南极冰盖研究、北极海冰变化、极地微生物资源等多个领域取得了突出的研究成果，相关成果为我国极地海洋领域的科技发展提供了知识支撑。极地资源利用方面，除了科学资源，还包括南极海洋生物资源，例如南大洋磷虾捕捞与合理利用、北极航道的开发利用等。2013年，我国发起共建"丝绸之路经济带"和"21世纪海上丝绸之路"（"一带一路"）重要合作倡议，我国参与北极航道和油气资源的可持续开发利用取得显著成果。中俄亚马尔 LNG 项目自 2014 年启动。2019 年 6 月，中石油、中海油入股俄罗斯亚马尔 LNG2 项目。中远海运积极开辟北冰洋商业新航路，初步建立了固定运营航线。极地旅游方面，随着社会公众对极地文化的兴趣不断提升，我国南极旅游人数不断增加，并于 2017 年成为仅次于美国的南极旅游第二大客源国。

和平利用极地发展海洋经济是提升我国经济增长的动力和质量的重要领域，也是实现我国海洋强国建设的重要内容。新时代以来，极地和平利用和经济发展活动带动了相关问题的学术研究；该领域的研究与极地治理、极地政策等领域的研究其实是密切相关的。本章对极地和平利用与发展领域研究的分析更多聚焦于极地经济的和平利用领域，例如极地科学成果转化、北极航道开发利用、极地生物资源的可持续利用、南极旅游等方面。

第一节　研究发展历程

1984—2023 年，中国在极地和平利用与经济发展领域累计发文 525 篇，其中中文论文 401 篇，英文论文 124 篇（图 6-1）。2013 年以前，中文发文量 40 余篇，英文发文量仅 4 篇，可见国内学者对该领域的关注度不高。2013 年以后，随着我国极地科考科研活动的深入展开、南大洋渔业活动的开展以及提出"冰上丝绸之路"倡议等，极地和平利用与经济发展领域研究得到越来越多学者的关注。

实践中，我国对南极方面的和平利用，除了科学资源外，主要体现在南极渔业资源与旅游资源方面。2009 年中国开始南极磷虾捕捞作业，2014 年中国南极磷虾捕捞产量跃居世界第二。同时，中国向挪威等先进国家学习南极磷虾捕捞技术和产品研发经验，致力于促进南极磷虾养护与合理利用的可持续发展，南极渔业活动的发展引起国内学者的高度关注。南极旅游方面，随着我国经济的快速发展以及公众对南极兴趣的上升，近年来我国赴南极旅游的人数快速增长。2011年度我国南极游客数量为1 000余人；2018年度我国南极游客数量快速增长至8 000余人，占南极游客总数的14.7%，成为南极旅游第二大客源国。2018年，国家海洋局发布《南极活动环境保护管理规定》，以期更好地保护南极环境和生态系统，保障和促进我国南极旅游等活动安全和有序发展。南极旅游也成为南极研究的新热点。

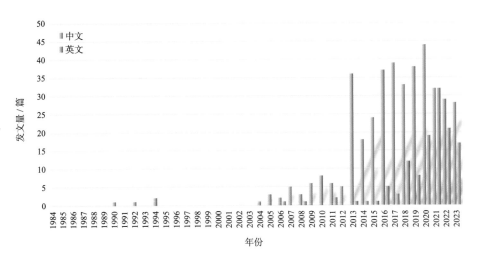

图6-1 1984—2023年和平利用与经济发展领域年度发文量

图6-2 北冰洋公海渔业协定磋商

对北极的和平利用方面，除了科学资源外，我国的实践主要体现在北极航道的利用、北极资源的可持续利用以及与其他北极国家合作等方面。2012年"雪龙"号极地考察船首次穿越北极东北航道，为商船后续利用北极航道积累了大量宝贵的基础数据。2013年中石油入股俄罗斯亚马尔液化天然气项目，开创中国在北极地区能源投资的先河。2017年发布的《"一带一路"建设海上合作设想》中，首次将"北极航道"明确为"一带一路"三大主要海上通道之一。2018年《中国的北极政策》白皮书，提出中国愿依托北极航道的开发利用，与各方共建"冰上丝绸之路"，北极航道研究进入新阶段。

我国在极地与海洋领域的和平利用与经济发展的相关实践活动，带动了学术界对该领域相关议题的关注与研究。

第二节　主要研究机构

1984—2023年，我国在极地和平利用与经济发展领域研究的机构整体呈现上升趋势（图6-3）。2005年以前有零星机构对该领域开展了研究，2006年开始有机构发表英文社科类论文，2013年以后，中、英文发文机构数量相比之前均有大幅度提升。

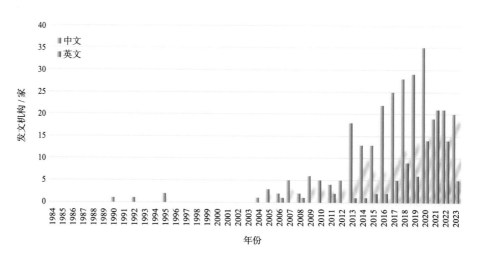

图6-3　1984—2023年和平利用与经济发展领域年度发文机构数量

大连海事大学、上海海洋大学、中国海洋大学、上海海事大学、中国水产科学研究院是发文较多的前 5 名机构。

对发文量不少于 3 篇的研究机构构建合作关系图谱（图 6-4）。可以看出，在该研究领域形成了多个科研机构群：由大连海事大学、吉林大学、上海交通大学等组成的机构群；由上海海洋大学、中国水产科学研究院、国家海洋信息中心、复旦大学等组成的机构群；由中国海洋大学、上海海事大学、中国极地研究中心等组成的机构群；由中国科学院地理科学与资源研究所、中国科学院大学、北京师范大学等组成的机构群，这些合作机构在地域上较为分散。

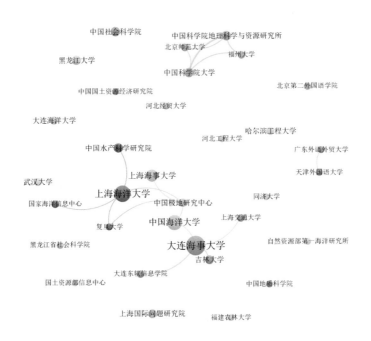

图 6-4　极地和平利用与经济发展发文机构合作关系

第三节　人才队伍

1984—2023 年，我国在极地和平利用与经济发展领域发文人数总体呈上升趋势（图 6-5），特别是 2013 年以后，我国发文作者数量呈现大幅度增长，特别是英文发文作者增势显著。

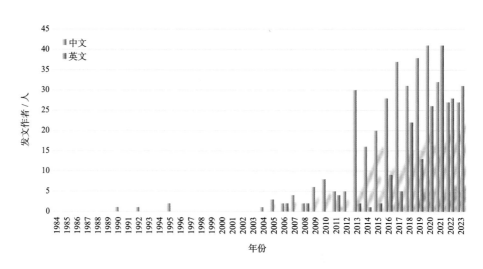

图 6-5　1984—2023 年和平利用与经济发展领域年度发文作者数量

目前，我国在极地和平利用与经济发展领域作者合作方面主要形成了 3 个作者群：由李振福、丁超君、潘常虹等组成的作者群；由郭培清、寿建敏、邹磊磊等组成的作者群；由黄洪亮、刘勤等组成的作者群。

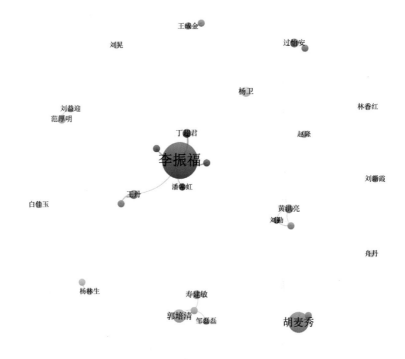

图 6-6　极地和平利用与经济发展领域作者合作关系

第四节　公开发表成果及重要研究议题

一、公开发表著作

张旭编著的《北极航线发展现状、未来》在充分分析北极航线基本特征、基础设施、港口建设的基础上，从通航经济性、运输潜力分析、遇冰风险和集装箱运输 4 个方面对北极航线的海运可行性进行现状和未来发展分析 [188]。

冯并著的《冰上丝绸之路——最后的"地中海"》从战略的高度，着眼于海上丝绸之路架构的延伸和变化，提出了一系列强有力的关乎"一带一路"经济发展的预测和预判。这些观点有别于盛行于西方的主流战略思维，为创建现代海上丝绸之路"海陆联通"合作共赢新格局，提供了具有领先和前瞻价值的理论参考 [189]。

郑中义著的《北极通航可行性及经济性分析》分为两个部分：第一部分是北极通航可行性分析，主要介绍了北极地区的气象信息和气候变化研究，北极航道的航路概况及危险源分布，通航对北冰洋海洋环境的影响，一些国家在北冰洋的海事举措，北极通航的法律问题研究，通航的可行性研究结论及我国北极通航对策。第二部分是北极东北航道通航的经济性分析，主要介绍了北极航道的现状分析及国际航运成本概述，北极东北航道与传统航道的航运成本，北极东北航道船舶营运要素分析，北极东北航道与传统航道的船舶营运及经济性评价指标 [190]。

范厚明、蒋晓丹等著的《北极通航环境与经济性分析》共分 3 编。第一编概述了北极航线、北极航线通航环境以及北极航线经济性的研究背景，阐述了在北极通航环境、北极海上突发事件应急响应、北极航线环境治理、北极航线海上突发事件应急预案、北极航线经济性、北极航线航运联盟风险分析及分担等领域的研究现状，介绍各章的研究内容，并明确研究意义。第二编对北极航线通航环境进行分析及评价，对北极航线海上突发事件应急响应复杂网络进行分析，对北极航线环境治理公共产品供给复杂网络演化博弈进行分析，对北极航线海上突发事件应急预案演化进行分析。第三编分析了北极航线通航对中国海运的影响，研究考虑北极航线的中欧集装箱运输经济性，北极航线的中国原油进口海运航线经济性和北极航线的中国—美东干散货海运航线经济性，针对北极航运联盟风险分析及分担进行研究，并总结该书研究得出的主要结论，提出有待进一步研究的问题[191]。

王春娟、刘大海著的《北极油气资源开发利用路径研究》以中国开发利用北极油气资源为选题，梳理了国内外现状，应用计量经济学、管理学、可持续发展和国际贸易等理论方法，开展了油气资源潜力与分布、经济贡献、环境影响和路径探索等方面的研究，获得了新的认识和结果。第一，全面分析了北极油气资源潜力和分布。第二，采用能源生产率指标和协整模型分析了油气资源对北极国家的经济贡献。第三，北极环境影响研究方面，采用协整理论和 STIRPAT 模型进行分析。第四，利用SWOT 模型分析了中国与北极国家油气资源合作方式，初步提出我国与北极五国采取不同国际合作方式的建议[192]。

自然资源部油气资源战略研究中心编著的《北极地区油气资源与国际合作》以全面收集北极地区油气地质、资源开发、国际合作等多方面的资料和研究工作为基础，综合不同国际机构从不同角度完成的北极地区油气资源潜力评价结果，通过对比分析，揭示北极地区油气资源潜力，为我国积极参与北极地区油气资源开发和国际合作提供依据和参考。同时，基于对北极地区国际合作现状的总结，开展面向未来的北极地区国际合作战略研究，通过系统分析北极地区地缘政治格局，揭示了北极地区油气勘探开发面临的障碍。开展北极地区油气资源合作的法律问题研究，总结了我国参与北极地区油气合作基本情况，分析了北极主要国家的北极战略及其对我国的启示[193]。

图 6-7　和平利用与经济发展领域相关著作

二、新时代高被引论文

（一）中文高被引论文

表 6-1　和平利用与经济发展领域高被引论文 Top10

序号	论文题目	第一作者	发文机构	发表年份	被引频次
1	北极航道对中国贸易潜力的影响——基于随机前沿引力模型的实证研究	贺书锋	上海海洋大学	2013	256
2	北极航道海运货流类型及其规模研究	张侠	中国极地研究中心	2013	88
3	中俄共同建设"一带一路"与双边经贸合作研究	姜振军	黑龙江大学	2015	63
4	北极航道对全球能源贸易格局的影响	邹志强	上海外国语大学	2014	52

序号	论文题目	第一作者	发文机构	发表年份	被引频次
5	北极航道开通对我国航运业发展的影响	王 丹	大连海事大学	2014	49
6	基于解释结构模型的北极航线通航环境影响因素分析	李振福	大连海事大学	2013	49
7	北极东北航道通航策略及经济性研究	钱作勤	武汉理工大学	2015	47
8	北极通航背景下中欧海运航线的时空格局	王 诺	大连海事大学	2017	45
9	北极东北航线对全球经济潜在影响的 CGE 分析及战略启示	丛晓男	中国社会科学院	2013	42
10	南极磷虾渔业近况与趋势分析	黄洪亮	中国水产科学研究院	2015	42

《北极航道对中国贸易潜力的影响——基于随机前沿引力模型的实证研究》一文的核心问题是利用引力模型量化评估北极航道通航对中国贸易潜力的影响，比较新旧贸易环境下贸易潜力的差异作为北极航道对中国贸易潜力影响的量化评估。经模型的估计和计算发现，中国的出口贸易效率和进出口贸易效率相差巨大，与北美洲、大洋洲、亚洲的贸易效率相对较高，而与非洲、南美洲贸易效率相对较低，航运距离与贸易效率呈显著负相关性，既反映了我国贸易的不平衡性，也反映了距离对贸易效率的多重影响。可见，北极航道对国际贸易的影响显而易见、广泛且深远，并最终将反映到国际贸易流向、结构和规模的变化[194]。

《北极航道海运货流类型及其规模研究》一文从北极海运货源角度出发，根据北极贸易、油气开发以及远东—西北欧、远东—北美东部当前海运货量状况，分析得出近中期东北航道天然气运输占据主要地位，但对北极航道更大运输需求是集装箱运输。此外，文章指出未来北极航道的商业性开发既存在自身发展的潜力，也存在着与苏伊士运河、巴拿马运河航线潜在的竞争关系。需要从降低服务与管理费，突破冰级船舶建造技术，优化运营链路设计等方面提高北极航道的商业性优势[195]。

《中俄共同建设"一带一路"与双边经贸合作研究》一文对中俄共建并实现"一带一路"基础设施联通、贸易畅通等进行了研究。论文为中俄经济带的基础设施建设提供了建议。同时指出中俄经贸合作将步入"跨越式"发展时期，需要通过不断完善双边经贸合作的物流体系、大力发展中俄跨境电子商务、不断改善两国海关通关条件、努力实现两国经贸合作的资金融通，实现"一带一路"贸易的畅通[196]。

（二）英文高被引论文

表6-2 和平利用与经济发展领域高被引论文

序号	论文题目	第一作者	发文机构	发表时间	被引频次
1	The competitiveness of Arctic shipping over Suez Canal and China-Europe railway	曾庆成	大连海事大学	2020	62
2	Framework for economic potential analysis of marine transportation: a case study for route choice between the Suez Canal Route and the Northern Sea Route	汪杨骏	国防科技大学	2023	52
3	Key barriers to the commercial use of the Northern Sea Route: view from China with a fuzzy DEMATEL approach	万 征	上海海事大学	2021	42
4	Study on economic evaluation of the Northern sea route: taking the voyage of Yong Sheng as an example	赵 辉	上海交通大学	2016	41

《The competitiveness of Arctic shipping over Suez Canal and China-Europe railway》一文使用自助法多元逻辑斯蒂模型进行分析，探讨了北极航运相对于传统的苏伊士运河航线和中欧铁路的竞争力，指出北极航运的地理优势在于它连接大西洋和太平洋的航程比苏伊士运河航线短，这使得东北亚和北欧在地理和经济上看似更接近。论文还讨论了北极航道作为可行航运通道面临的挑战，包括船舶资本投资高、运营成本增加、航程成本不确定性、航行季节的不连续性以及对运输环境敏感性的限制。分析结果表明，尽管北极航道的市场份额增长迅速，但其整体市场份额仍然很低，短期内北极航道的商业应用前景有限 [197]。

《Framework for economic potential analysis of marine transportation: a case study for route choice between the Suez Canal Route and the Northern Sea Route》一文提出了一个评估海上运输经济潜力的分析框架，特别关注了不确定性因素的处理。研究还应用了信息流方法来进行敏感性分析，以识别对决策有重大影响的关键因素。在案例研究中，研究者比较了从上海到鹿特丹的两条主要航线：传统的苏伊士运河航线和新兴的北方海航线。通过构建贝叶斯网络模型，研究者分析了两条航线的经济成本，包括燃料成本、资本成本、运营成本和航次成本。研究结果表明，在考虑到不确定性因素后，传统航线在可预见的未来仍然具有显著的经济潜力 [198]。

《Key barriers to the commercial use of the Northern Sea Route: view from China with a fuzzy DEMATEL approach》一文通过模糊 DEMATEL 模型，评估了自然条件、商业成本、服务支持和政治问题这些因素之间的相互依赖关系，研究结果表明，极端天气是限制北方海航线发展的最关键因素，其次是政治问题和海冰条件。论文指出，尽管极端天气和海冰条件对北极航道的影响较大，但政治环境的不确定性也是一个关键障碍。虽然燃料成本和冰级船价格对航运公司可能很重要，但他们并不是限制北方海航线发展的最主要力量 [199]。

《Study on economic evaluation of the Northern Sea Route: taking the voyage of Yong Sheng as an example》一文探讨了北极航道，特别是北方海航线（NSR）的经济潜力和可行性。由于全球变暖和冰盖退缩，NSR作为国际航运网络中的新航道，有可能改变海运行业。然而，由于冰情的不确定性和经济效益的不确定性，很少有商业船舶使用NSR[200]。

三、重点研究议题

根据检索出的和平利用与经济发展论文数据，提取出所有论文的关键词（keywords）字段，并对高频关键词进行统计后，得到和平利用与经济发展领域高频关键词词云图，由此可知，极地和平利用与经济发展研究主要聚焦于北极航道和"冰上丝绸之路"等热点议题。

图6-8 极地和平利用与经济发展关键词词云

（一）北极航道议题

北极航道是穿越北冰洋，连接太平洋和大西洋的海上航线集合，包括东北航道、西北航道和中央航道。随着北极海冰快速融化、消退，北极航道的通航条件日益成熟。这将成为亚洲与欧洲、北美洲之间最短、最便捷的水上运输要道，将改变世界航运和贸易格局，影响十分深远，基于此，研究人员对北极航道价值、航运等进行了多方面的研究。

1. 北极航道与"一带一路"

《推动共建丝绸之路经济带和21世纪海上丝绸之路的愿景与行动》为"一带一路"倡议的落地指明了方向。"一带一路"倡议旨在促进亚欧大陆之间的贸易和合作，北极航道作为连接欧亚大陆的新航道，与"一带一路"倡议有着密切的关联。通过北极航道，可以缩短航程、节省成本，开辟新的贸易通道，促进资源开发和能源运输，推动区域经济发展，促进国际合作与交流。这将为沿线国家带来更多的商机和发展机遇，为全球经济合作注入新的活力和动力。因此，北极航道运输的经济价值不仅体现在经济效益上，更体现在促进区域合作与发展、推动可持续发展等多个层面，具有重要的战略意义和发展潜力。刘惠荣、李浩梅在《北极航线的价值和意义："一带一路"战略下的解读》一文中指出，北极航线的意义在于其可以成为丝绸之路经济带的海上通道、21世纪海上丝绸之路的拓展航线以及我国对外经贸网络的重要组成部分[201]。刘惠荣在《"一带一路"战略背景下的北极航线开发利用》一文中指出，北极航线开发利用应当纳入"一带一路"战略规划之中，北极航线可以成为延伸丝绸之路经济带的海上通道、21世纪海上丝绸之路的拓展航线、对外经贸网络不可或缺的组成部分，"一带一路"不应忽视北极航线的价值[202]。郑英琴在《中国与北欧共建蓝色经济通道：基础、挑战与路径》一文中指出，与北欧国家共建经北冰洋连接欧洲的蓝色经济通道是"一带一路"倡议的重要组成部分，其与共建"冰上丝绸之路"并行，符合各方长远利益。中国深化与北欧国家在海洋经济、北极治理、环境保护和创新发展等领域的合作，共同推动海洋的可持续利用、推动海洋互联互通、解决共同面临的全球气候与环境挑战，有助于落实海洋命运共同体建设的目标[203]。

2. 北极航道运输商业潜力

北极航道作为新兴的航运通道，在商业和油气运输领域具有巨大的潜力和价值。其开通将为商业贸易提供更快速、更经济的运输通道，促进跨国贸易和物流合作。同时，北极地区丰富的油气资源也将通过这一航道实现更便捷的运输，为油气公司提供更多发展机遇。在确保航运安全和可持续性的前提下，北极航道有望成为连接东西方的重要航运通道，为全球商业活动和油气运输带来新的发展机遇。张侠、屠景芳等发表的《北极航线的海运经济潜力评估及其对我国经济发展的战略意义》是早期研究北极航道海运价值的论文，该文从宏观角度对北极航线的海运经济潜力进行了评估，指出北极航运可以降低我国国际贸易海上运输成本，使拥有丰富能源资源储藏量的北极地区有可能成为我国海外资源采购的主要目的地之一，从而促进我国与北极国家的贸易，拉近欧洲、北美和东亚等大市场的距离，促使国际分工和产业布局发生变化，进而影响我国沿海地区产业分工和经济发展战略布局 [204]。在此之后，学者们开始在北极航道运输商业性潜力的基础上展开针对性的研究，如海运货流类型、油气资源等。张侠、寿建敏等在《北极航道海运货流类型及其规模研究》一文中指出，从俄罗斯、北欧的北极地区到远东的液化天然气是单向贸易流型式；从远东到欧美的集装箱货物是双向贸易流型式，北极东北航道、中央航道分担远东到西北欧航线的货运量，北极西北航道分担远东到北美东部的货运量，提出东北航道天然气运输近期仍占据主要地位，在未来中国经济继续稳步增长的背景下，更大的运输需求是北极航道的集装箱运输 [195]。赵越在《新形势下俄罗斯北极油气的开发》一文中提出了中俄合作开发北极亚马尔天然气的构想和建议，即中国油气企业与俄罗斯油气企业在亚马尔半岛开展天然气合作开采、液化，并通过东北航道运回国内，利益共享，风险共担 [205]。

3. "冰上丝绸之路"经济价值

"冰上丝绸之路"是我国与相关极地国家实现北极地区的共同治理和共同发展的国际合作；是有关各方在应对气候变化等全球性挑战的同时，依托极地航道的联通作用，发展绿色技术，促进航道沿途地区生态保护与经济发展的平衡，实现区域性社会可持续发展的共商共建之举[206]。"冰上丝绸之路"作为连接亚欧的新航运通道，具有重要的经济和战略价值。它缩短航程、降低运输成本，促进贸易活动；提供多样化运输选择，降低运输风险；有助于北极的资源开发，推动产业发展；提高航运安全性，倡导绿色航运。"冰上丝绸之路"为亚欧贸易和区域合作带来新机遇，推动了经济全球化。杨剑在《共建"冰上丝绸之路"的国际环境及应对》一文中指出，"冰上丝绸之路"积极推动共建经北冰洋连接欧洲的蓝色经济通道，就此打开了北极航道广泛的商业前景。中国政府倡导多方合作，共商共建北极"冰上丝绸之路"，强调与各国北极发展战略的对接，并将经济合作的重点放在北极航道和能源合作开发的前瞻性投资上。这些前瞻性的投资对于改善整个经济运行环境，改善投资、贸易、交通、劳动力供给的良性循环具有重要意义[206]。阮建平在《国际政治经济学视角下的"冰上丝绸之路"倡议》一文中指出，"冰上丝绸之路"建设面临敏感的政治挑战和较高的经济技术成本，应做到利用北极国家之间的分歧，通过双边合作营造有利的政治环境，充分利用自身的经济技术优势和置身之外的超然立场，营造一个良好的政治环境；大力发展极地海洋技术和海洋经济，为"冰上丝绸之路"建设及其可持续发展提供经济技术保障；加强与区域、外国和国际组织的合作，积极参与北极治理机制的创设和整合，塑造开放、合作共赢的地区秩序[207]。

（二）极地资源的可持续发展

资源的合理开发与利用是极地和平利用的重要内容，也是实现极地可持续发展的重要方面。该领域的研究热点主要集中在南极渔业资源、北极油气开发和南极旅游业。

1. 南极渔业资源

作为南极生态系统的重要组成部分，南极渔业资源的养护与合理利用是南极治理的重要内容，也是各国对南极和平利用的组成方面。刘禹希、陈琛等在《南极渔业资源开发利用现状及启示》一文中指出，我国南极渔业资源开发利用活动起步较晚，核心技术积累不足，磷虾产业链亦有待进一步完善，我国应吸收借鉴国际优秀实践，坚持南极渔业资源可持续发展；加强国内外合作，提升南极磷虾产业科技创新水平；打破学科壁垒，培养南极渔业复合型人才[208]。刘勤、黄洪亮等在《南极磷虾商业化开发的战略性思考》一文中指出，中国对南极磷虾的开发利用和研究仍局限于对南极磷虾的生态习性、分布规律、渔场形成条件、渔具渔法、保鲜加工的初步了解。虽然近年来中国在政策以及研究力度上有所加大，但与挪威、加拿大等国相比，南极磷虾的商业化进程上还有不小差距[209]。南极磷虾渔业管理制度是南极渔业管理体系的重要组成部分。《南极磷虾渔业管理及其对中国的影响》是早期研究南极磷虾管理与保护方向的文章，作者唐建业、石桂华指出，磷虾渔业管理在数据报告、观察员覆盖率、提前通报等方面将严格规范，并对科学投入的要求越来越高。我国开发磷虾资源需要国家和企业间的合作。国家需要增加对南极渔业生产的经济、技术支持，同时加强对企业及渔船管理；企业需要严格遵守各项养护措施，及时、准确报告有关数据，配合国家履行国际义务[210]。刘勤、黄洪亮等在《南极磷虾渔业管理形势分析》一文中指出，我国应该认真遵守具体制度，结合中国的远洋渔业规划认真思考，加强南极海洋科学调查，重视南极磷虾渔业管理等软科学方面的研究[211]。

2. 北极油气开发

北极地区被认为拥有丰富的油气资源，这些资源的勘探和开发，对于缓解全球能源紧张局势、促进能源多元化具有积极作用。中国地处北极圈外，受地缘因素影响，我国极地油气开发工作起步较晚。不过，随着北极国家对北极油气资源的重视与开发利用的深入，我国参与北极油气资源的投资与利用的程度也有所增加。杜星星和刘建民在《中国参与北极油气资源开发利用前景与方向》一文中指出，俄罗斯北极地区已逐渐成为我国油气进口的重要来源地之一，建议将俄罗斯作为我国北极油气开发的长期合作伙伴，与其开展项目投资、技术入股、航道建设等多个方面的合作[212]。朱明亚、平瑛等在《北极油气资源开发对世界能源格局和中国的潜在影响》一文中指出，在全球能源供应日趋紧张和北极航道逐渐开通的大背景下，未来北极油气资源转化为世界主要油源的可能性加大，届时将深刻影响世界能源格局。文章系统分析了北极地区的油气分布、开发现状和前景以及对世界能源格局可能产生的影响，为进一步探索北极油气做铺垫[213]。

图6-9　南极中山站"脸谱"油罐

3. 南极旅游业

随着人们对极地旅游的兴趣日益增加，南极成为旅游的新热点。我国作为南极旅游的重要客源国，在南极旅游业的发展中具有巨大的潜力和责任。《南极旅游影响评估及趋势分析》是较早一批研究南极旅游发展趋势的文章，作者郭培清指出，在未来，亚洲游客尤其是来自中国的游客将增多[214]。这个结论在如今已经得到了验证。李学峰、吴姗姗等在《国际南极旅游组织协会的发展进程探析及对我国的思考》一文中指出，我国俨然成了南极旅游的"消费大国"，但我国发展基础薄弱，正努力着手规范南极旅游市场，加强南极旅游制度建设，致力于成为南极旅游重要的"管理大国"，以有效参与南极旅游规则的制定，增强南极事务话语权，切实维护我国南极权益，保证南极的和平与稳定[215]。刘杰、唐荣等在《南极旅游资源分类及空间分布特征》一文中指出，虽然来自中国的南极游客人数已排世界第二位，但由于中国几乎没有参与南极早期的探险活动，因此与中国相关的人文类旅游资源相对较少。我国应摸清南极旅游资源的特征，在南极科考和南极旅游运营过程中建立南极旅游资源数据库；深入研究人类旅游活动对南极生态环境的影响范围和程度，并在国际南极旅游组织协会（IAATO）行为准则的基础上，形成适用于我国国情的南极旅游管理准则，规范我国极地旅游市场，树立南极生态旅游的大国形象[216]。

第七章
极地人文社会科学研究
未来展望

中国开启极地事业四十年来，特别是新时代以来，在习近平总书记和党中央对极地事业前所未有的重视、指示和关怀下，我国在极地人文社会科学领域紧跟时代脉搏，密切跟踪极地气候环境、地缘政治、地缘经济、人文社会的革命性变革，深入开展研究，取得了突破性成就，在科研成果产出、人才队伍建设、研究机构设立、研究议题拓展、国际平台搭建等方面都出现了爆发式增长，对我国在极地战略和政策规划、极地立法和规则制定、极地全球治理、国际合作等方面，提供了重要的学术研究基础和智力支撑作用，使我国在极地的国际影响力和感召力不断增强。

同时也应该看到，我国极地社会科学研究虽然取得了跨越式发展，但跟极地强国和大国相比，尚存在明显差距。我国极地社会科学研究还没有改变"有数量缺质量、有专家缺大师"的总体状况，在极地学科体系、学术体系、话语体系建设，学术原创能力、学术引领能力、研究机构能力建设，人才队伍培养体系、国际合作品牌建设和极地科普意识提高等方面，都还存在一些不足和亟待解决的问题。这同我国的综合国力和国际地位还不太相称，与新时代加快海洋强国建设，推进中国式现代化道路、实现中华民族伟大复兴的时代要求还很不匹配，中国极地社会科学研究工作者需要以习近平新时代中国特色社会主义思想为指导，进一步强化使命感和责任感，推动中国极地社科研究更加理论化、融合化、国际化、社会化，实现未来中国极地社科研究的高质量发展。

一、注重极地社科研究理论建设，引领新时代极地社科研究方向

当前，在百年变局加速演进、世纪疫情余波未平、俄乌危机冲突延宕持续这"三重危机"叠加的巨大压力下，极地地缘环境、地缘政治、地缘经济和社会人文环境等，都在经历前所未有的巨大变革。大变革呼唤大思想、大理论，中国极地社科研究需要在深刻把握习近平新时代中国特色社会主义思想科学体系的基础上，融入习近平外交思想、经济思想、法治思想、生态文明思想、文化思想和总体国家安全观等丰富内容和核心要义，创建具有中国特色、中国风格和中国气派的极地社会科学研究理论，引领极地社会科学研究观念和话语更新，改变我国极地社会科学领域研究受"事件应激"影响较大的现状。

我国极地社科研究要系统阐释：如何来更好地"认识极地、保护极地、利用极地"？怎样才能避免"大国战略竞争"和"新冷战"话语陷阱，将极地"打造成各方合作的新疆域，而不是相互博弈的竞技场"？极地安全与全球安全和国家安全何种关系，如何推动三者的良性互动？如何将极地建设成推动构建人类命运共同体的"最佳实践地"？

发展雄厚而均衡的科学研究实力，建立完备的学科理论体系，需要以我国强大而长远的极地战略规划与充足的国际法和国内法依据为保障，从中央政府层面引领和指导理论体系建设，促强补弱，引领极地社科研究全方位快速发展。科研能力得到整体提升后，也可为我国全面参与极

地国际治理、贡献中国方案提供充分及时的学术回应与理论支撑，反哺国家层面的战略及政策的制定和实施，进而形成良性循环，推动海洋强国建设。

以《南极条约》为例，南极条约体系发展至今已经有 60 多年，其前 30 年解决南极安全困境、创造南极地区的和平与安全，被誉为"国际治理的典范"。但是自 1991 年《关于环境保护的南极条约议定书》出台以来，南极条约体系逐渐无法应对新兴议题，其中也包括迫切需要解决的议题。协商国的精力被相互制衡所消耗、需要快速处理的问题因主权问题而互相牵制，难以达成共识。2019 年，全国人大常委会决定将首部南极立法列入第十三届全国人民代表大会常务委员会一类立法规划，交由全国人大环资委牵头起草和提请审议。将南极条约体系的原则与规则转为国内法是当前中国的战略问题。在国际上，已经有多个协商国将南极条约体系转化为南极国内法，其立法模式多有不同。中国南极法律的制定需要参考他国南极国内立法的经验，为此，需要对各国南极立法进行比较研究。我国近年来日益重视极地考察工作，但是从总体来看，相关研究及立法供给还无法满足和保障我国极地权益的需要。探索我国极地考察及相关权益的法律途径，已经成为一项刻不容缓的重要工作，极地法律与政策领域的中国社会科学学者依然任重道远。

二、强化极地社科研究体系建设，推进交叉融合研究

新时代以来，我国学界关于南北极人文社会科学领域的研究成果不断涌现，呈现学科相对集中态势，但在研究内容的均衡性、基础性和融合性上还有待提高。主要体现在：关于地缘政治与战略、法律的研究较多，但研究对象主要为南极地区，且研究内容偏向于他国，针对我国的趋向性、系统性、深入性研究较为匮乏。如我国目前仅发布了《中国的北极政策》白皮书，针对南极领域的政策较少，这与学界未提供充分的基础研究不

无关系；治理合作领域为极地近几年的研究热点，成果集中涌现，而研究对象则侧重于北极地区；此外，国内关于极地历史文化及经济发展等方面的相关研究相对匮乏。而在基础性研究上，国内很多学者倾向于宏观的定性分析和战略判断，缺乏基于一手资料分析的基础研究，部分科研学者对极地的基本政治常识不熟悉，在其对外公开发表的成果中可能会出现表述不当的情况，容易被"有心"势力借机炒作攻击，对我国参与极地事务带来不良影响。学科交叉融合已成为科学发展的重要时代特征，也是社科极地研究创新和高质量发展的源泉，随着极地科研向多领域、交叉学科方向发展，中国极地社科研究人员之间的交流与合作有效促进了高水平的成果产出，但总体而言，局限于同学科、同机构合作研究水平，跨领域、跨学科交叉融合研究成果还十分有限。加强极地研究的整体性、基础性和融合研究，是我国全面、深度参与极地事务的重要前提。

三、推动极地社会科学研究更加国际化，促进合作交流

极地作为战略新疆域的重要组成部分，我国人文社会科学领域的研究尚处于起步阶段，且属于交叉学科性质的研究较多，加强多方合作交流力度，聚合力量必不可少，目前我国在该方面虽已取得突破性进展，但仍有所欠缺，需在多个层面进一步加强。

在从极地大国迈向极地强国的全新历史阶段中，极地国际合作对我国参与极地事务的重要性不言而喻，积极开展极地治理国际合作，有助于提升我国在极地事务上的话语权，扩大在极地的"软存在"。我国极地社会科学研究应进一步国际化，通过深度参与既有极地社会科学研究共同体，搭建新的研究平台，构建多方面、多领域、多层次的极地社会科学研究共同体，开展联合研究和协同研究，增强研究的开放度和透明度，增进彼此间的互信和认同感，为我国参与乃至引领极地事务和极地治理营造更加良好的学术环境和氛围。如极地渔业资源的和平利用是极地经

济发展的重要组成部分，北极地区丰富的渔业资源对我国渔业经济的发展具有重要意义。我国在北极的渔业活动主要集中在南极磷虾捕捞，这一产业的快速发展为我国渔业经济带来了新的增长点。然而，极地渔业经济的发展也面临着资源可持续利用的问题。南极磷虾资源的过度捕捞风险、生态系统的保护以及国际渔业管理规则的遵守都是我国需要认真考虑的问题。我国需要在国际渔业管理组织中发挥更大作用，推动建立科学合理的渔业配额制度，确保渔业资源的长期可持续利用。

四、加强极地社会科学研究社会化，共促我国极地事业发展

极地领域的事务具有高度特殊性，通常会涉及地缘政治、国家安全、主权利益等重大敏感领域。由于我国参与极地事务时间比较短，加上极地地缘政治和大国竞争形势的日益紧张，我国拓展极地事业面临着新的挑战和困难。加强极地社科研究社会化，夯实国家关系发展社会基础，共促我国极地事业高质量发展，在当下和未来，就显得意义更加重大。

在关注国内极地自然科学研究的同时，需要进一步重视极地软科学研究，二者为相辅相成的关系，只有彻底掌握了各项极地事务的来龙去脉，打牢扎实地基，才能针对性、有目的性地开展其他相关研究。一方面，要进一步拓展极地软科学研究的范畴和视野。关注极地地区经济、社会、文化、族群的历史、现状和发展趋势，关注主要极地国家的极地战略变迁和最新动态，关注国际极地治理的多元行为体和治理机制变迁；另一方面，需要加大极地科普力度，激发社会公众关注极地的热情。为进一步推进极地社科研究，促其大众化是必须重视的工作，研究大众化可以在一定程度上反映研究本身的重要性和优先性，借助媒体或者民间力量帮助国民发现北极、认识北极、保护北极，发挥媒体的作用健全国民的极地意识，树立多元化的极地观，扩大研究成果的分享和应用范围，进而有效推动研究的可持续发展。

习近平总书记指出，当今时代正处于社会大变革的时代，也是哲学社会科学大发展的时代，"这是一个需要理论而且一定能够产生理论的时代，这是一个需要思想而且一定能够产生思想的时代"。我国极地社会科学研究要按照"立足中国、借鉴国外，挖掘历史、把握当代，关怀人类、面向未来"的思路，才能建立起充分体现中国特色、中国风格、中国气派的极地社会科学研究的学科体系、学术体系、话语体系，才能实现新时代中国极地社会科学研究的高质量发展。中国极地社会科学研究工作者任重而道远！

后 记

　　极地工作是建设海洋强国的重要组成部分，功在当代，利在千秋。党的十八大以来，以习近平同志为核心的党中央准确把握国际形势的深刻变化，高瞻远瞩、统筹谋划，作出一系列新论断，提出一系列新理念、新思想，为极地事业的永续发展指明了前进方向，提供了根本遵循。

　　极地人文社会科学相关的理论性、战略性、前沿性问题研究是极地研究的重要组成部分，为中央有关部门和相关部委制定极地相关战略、规划、政策和法律法规提供了必要的基础支撑，也为推动我国极地工作高质量发展、深度参与国际极地治理作出了重要贡献。为宣传新时代以来我国极地人文社会科学研究取得的重要成就，帮助人们更加科学、理性地认识极地、保护极地、利用极地，更加自觉主动地为人类造福、构建人类命运共同体，国家海洋局极地考察办公室组织编写了本书。

　　本书由国家海洋信息中心承担具体编写工作，参加编写的人员主要有：杨益、王少朋、崔尚公、张雨萌、李欢、秦雪、李红军、王素萍、潘嵩、殷悦、辛冰。参与审读及修改的专家主要有：张沛、郑英琴、刘惠荣、董跃、陈力、郭红岩、吴慧、李雪平、潘敏、白佳玉、周怡圃、密晨曦、郑苗壮、商韬、吴宁铂、邓贝西、屠景芳、赵宁宁、李学峰等。在本书出版过程中海洋出版社给予了大力支持。在此，一并表示衷心感谢。

参考文献

[1] 王婉潞, 王海媚. 21 世纪以来中国的南极研究: 进展与前景——王婉潞博士访谈 [J]. 国际政治研究, 2021, 42(06): 132–155.

[2] 徐庆超, 王海媚. 21 世纪以来中国的北极研究: 进展与问题——徐庆超助理研究员访谈 [J]. 国际政治研究, 2021, 42(04): 138–160.

[3] 阮建平. 南极政治的进程、挑战与中国的参与战略——从地缘政治博弈到全球治理 [J]. 太平洋学报, 2016, 24(12): 21–30.

[4] 杨剑. 北极治理新论 [M]. 北京: 时事出版社, 2014.

[5] 孙兴伟. 中国的北极参与战略研究 [D]. 青岛: 中国海洋大学, 2015.

[6] 白佳玉, 李静. 美国北极政策研究 [J]. 中国海洋大学学报（社会科学版）, 2009(05): 20–24.

[7] 李益波. 美国北极战略的新动向及其影响 [J]. 太平洋学报, 2014, 22(06): 70–80.

[8] 程群. 浅议俄罗斯的北极战略及其影响 [J]. 俄罗斯中亚东欧研究, 2010(01): 76–84.

[9] 杨剑. 北极航道: 欧盟的政策目标和外交实践 [J]. 太平洋学报, 2013, 21(03): 41–50.

[10] 陆俊元. 北极地缘政治与中国应对 [M]. 北京: 时事出版社, 2010.

[11] 钱宗旗. 俄罗斯北极战略与 "冰上丝绸之路" [M]. 北京: 时事出版社, 2018.

[12] 潘敏. 国际政治中的南极: 大国南极政策研究 [M]. 上海: 上海交通大学出版社, 2015.

[13] 陈玉刚, 秦倩. 南极: 地缘政治与国家权益 [M]. 北京: 时事出版社, 2017.

[14] 王丹, 张浩. 北极通航对中国北方港口的影响及其应对策略研究 [J]. 中国软科学, 2014(03): 16–31.

[15] 贾桂德, 石午虹. 对新形势下中国参与北极事务的思考 [J]. 国际展

望, 2014, 6(04): 5–28+150.

[16] 张侠, 杨惠根, 王洛. 我国北极航道开拓的战略选择初探 [J]. 极地研究, 2016, 28(02): 267–276. DOI: 10.13679/j.jdyj.2016.2.267.

[17] 孙凯, 王晨光. 国家利益视角下的中俄北极合作 [J]. 东北亚论坛, 2014, 23(06): 26–34+125. DOI: 10.13654/j.cnki.naf.2014.06.003.

[18] 胡鞍钢, 张新, 张巍. 开发"一带一路一道（北极航道）"建设的战略内涵与构想 [J]. 清华大学学报（哲学社会科学版）, 2017, 32(03): 15–22+198.

[19] HAO W, SHAH S MA, NAWAZ A, et al. The impact of energy cooperation and the role of the one Belt and Road initiative in revolutionizing the geopolitics of energy among regional economic powers: an analysis of infrastructure development and project management[J].Complexity, 2020: 1–16.

[20] HONG N. Emerging interests of non-Arctic countries in the Arctic: a Chinese perspective[J]. The Polar Journal, 2014, 4(2): 271–286.

[21] SU P, HUNTINGTON H P. Using critical geopolitical discourse to examine China's engagement in Arctic affairs[J]. Territory Politics, Governance, 2023, 11(3): 590–607.

[22] 阮建平. "近北极国家"还是"北极利益攸关者"——中国参与北极的身份思考 [J]. 国际论坛, 2016, 18(01): 47–52+80–81.

[23] 王传兴. 中国的北极事务参与与北极战略制定 [J]. 人民论坛·学术前沿, 2017(11): 36–42.

[24] 邓贝西. "全球公域"视角下的极地安全问题与中国的应对 [J]. 江南社会学院学报, 2018, 20(03): 31–38.

[25] 徐庆超. 北极安全战略环境及中国的政策选择 [J]. 亚太安全与海洋研究, 2021(01): 104–124+4.

[26] 刘莉. 浅析中国制定和实施北极战略的必要性 [D]. 长春:吉林大学, 2014.

[27] 陆俊元. 近几年来俄罗斯北极战略举措分析 [J]. 极地研究, 2015, 27(03): 298–306.

[28] 张祥国.俄罗斯新版北极战略及其发展前景[J].西伯利亚研究，2022,49(06):59–70.

[29] 赵宁宁,张杨晗.俄乌冲突背景下俄罗斯北极政策的调整、动因及影响[J].边界与海洋研究,2023,8(05):58–71.

[30] 郭培清,董利民.美国的北极战略[J].美国研究,2015,29(06):47–65.

[31] 王传兴.美国北极战略演进研究[J].东北亚论坛,2022,31(03):76–91+128.

[32] 匡增军.美国北极战略新动向及对北极治理的影响[J].国际问题研究,2023(02):73–87+125.

[33] 赵宁宁,周菲.英国北极政策的演进、特点及其对中国的启示[J].国际论坛,2016,18(03):18–23+79–80.

[34] 赵宁宁.小国家大格局：挪威北极战略评析[J].世界经济与政治论坛,2017(03):108–121.

[35] 赵宁宁.德国北极政策的新动向、战略考量及影响[J].德国研究,2020,35(01):4–16+159.

[36] 赵宁宁,龚倬.北约北极政策新动向、动因及影响探析[J].边界与海洋研究,2022,7(02):37–50.

[37] 郭培清,李晓伟.加拿大小特鲁多政府北极安全战略新动向研究——基于加拿大2017年新国防政策[J].中国海洋大学学报（社会科学版）,2018(03):9–15.

[38] 马榕.地缘政治视角下中俄北极合作研究[D].太原：山西大学,2024.

[39] 夏立平,苏平.博弈理论视角下的北极地区安全态势与发展趋势[J].同济大学学报（社会科学版）,2013,24(04):26–33.

[40] 邓贝西,张侠.俄美北极关系视角下的北极地缘政治发展分析[J].太平洋学报,2015,23(11):38–44.

[41] 赵宁宁,欧开飞.全球视野下北极地缘政治态势再透视[J].欧洲研究,2016,34(03):30–43+165.

[42] 孙迁杰,马建光.地缘政治视域下美俄新北极战略的对比研究[J].和平与发展,2016(06):34–46+114–115.

[43] 郭培清，杨楠 . 论中美俄在北极的复杂关系 [J]. 东北亚论坛，2020，29(01): 26–41.

[44] 肖洋 . 芬兰、瑞典加入北约对北极地缘战略格局的影响 [J]. 和平与发展，2022(04): 63–80+137.

[45] 陈玉刚 . 试析南极地缘政治的再安全化 [J]. 国际观察，2013(03): 56–62.

[46] 邓贝西，张侠 . 南极事务"垄断"格局：形成、实证与对策 [J]. 太平洋学报，2021，29(07): 79–92.

[47] 郑英琴 . 地缘政治变局与澳大利亚南极政策新动向解析 [J]. 亚太安全与海洋研究，2023(03): 111–124+4.

[48] 李振福，李诗悦 . 中国北极问题研究：发展脉络、支撑体系和学科发展 [J]. 俄罗斯东欧中亚研究，2020(05): 113–132+157–158.

[49] 王晨光 . 中国北极人文社科研究的文献计量分析——基于 CSSCI 期刊的统计数据 [J]. 中国海洋大学学报（社会科学版），2017(2): 78–84.

[50] 中华人民共和国国务院新闻办公室 .《中国的北极政策》白皮书，中华人民共和国国务院新闻办公室网站 https://www.gov.cn/zhengce/2018-01/26/content_5260891.htm.

[51] 郭培清 . 北极航道的国际问题研究 [M]. 北京：海洋出版社，2009.

[52] 刘惠荣，杨凡 . 北极生态保护法律问题研究 [M]. 北京：知识产权出版社，2010.

[53] 刘惠荣，董跃 . 海洋法视角下的北极法律问题研究 [M]. 北京：中国政法大学出版社，2012.

[54] 刘惠荣，李浩梅 . 国际法视角下的中国北极航线战略研究 [M]. 北京：中国政法大学出版社，2019.

[55] 贾宇 . 极地法律问题 [M]. 北京：社会科学文献出版社，2014.

[56] 贾宇 . 极地周边国家海洋划界图文辑要 [M]. 北京：社会科学文献出版社，2015.

[57] 密晨曦 . 北极航道治理的法律问题及秩序构建 [M]. 北京：社会科学文献出版社，2022.

[58] 卢芳华. 斯瓦尔巴地区法律制度研究 [M]. 北京：社会科学文献出版社, 2017.

[59] 潘敏. 国际政治中的南极：大国南极政策研究 [M]. 上海：上海交通大学出版社, 2015.

[60] 陈力. 中国南极权益维护的法律保障 [M]. 上海：上海人民出版社, 2018.

[61] 陈力. 南极海洋保护区的国际法依据辨析 [J]. 复旦学报（社会科学版）, 2016, 58(2): 152–164.

[62] 杨剑.《中国的北极政策》解读 [J]. 太平洋学报, 2018, 26(3): 1–11.

[63] 张侠, 屠景芳, 钱宗旗, 等. 从破冰船强制领航到许可证制度——俄罗斯北方海航道法律新变化分析 [J]. 极地研究, 2014(2): 268–275.

[64] MA X M. China's Arctic policy on the basis of international law: identification, goals, principles and positions[J]. Marine Policy, 2019, 100: 265–276.

[65] 贾宇. 北极地区领土主权和海洋权益争端探析 [J]. 中国海洋大学学报（社会科学版）, 2010(1): 6–10.

[66] 董跃. 论海洋法视角下的北极争端及其解决路径 [J]. 中国海洋大学学报（社会科学版）, 2009(3): 6–9.

[67] 黄志雄. 北极问题的国际法分析和思考 [J]. 国际论坛, 2009, 11(06): 8–13+77.

[68] 吴慧. "北极争夺战"的国际法分析 [J]. 国际关系学院学报, 2007(5): 36–42.

[69] 刘惠荣, 董跃, 侯一家. 保障我国北极考察及相关权益法律途径初探 [J]. 中国海洋大学学报（社会科学版）, 2010(06): 1–4.

[70] 李雪平, 方正, 刘海燕. 北极地区国家在《联合国海洋法公约》下的权利义务及其与地理不利国家之间的关系 [J]. 极地研究, 2017, 29(02): 279–285.

[71] 刘惠荣, 张馨元. 斯瓦尔巴群岛海域的法律适用问题研究——以《联合国海洋法公约》为视角 [J]. 中国海洋大学学报（社会科学版）, 2009(06): 1–5.

[72] 卢芳华 .《斯瓦尔巴德条约》与我国的北极权益 [J]. 理论界，2013(04): 88–90.

[73] 卢芳华 . 挪威对斯瓦尔巴德群岛管辖权的性质辨析——以《斯匹次卑尔根群岛条约》为视角 [J]. 中国海洋大学学报（社会科学版），2014(06): 7–12.

[74] 卢芳华 . 北极公海渔业管理制度与中国权益维护——以斯瓦尔巴的特殊性为例 [J]. 南京政治学院学报，2016, 32(05): 78–83.

[75] 刘惠荣，张志军 . 北冰洋中央海域 200 海里外大陆架划界新形势与中国因应 [J]. 安徽大学学报（哲学社会科学版），2022, 46(05): 79–87.

[76] 郭红岩 . 论西北航道的通行制度 [J]. 中国政法大学学报，2015(06): 83–92+160.

[77] 密晨曦 . 北极航道治理的法律问题研究 [D]. 大连：大连海事大学，2016.

[78] 王泽林 .《极地规则》生效后的"西北航道"航行法律制度：变革与问题 [J]. 极地研究，2022, 34(04): 485–493.

[79] 唐建业 . 北冰洋公海生物资源养护：沿海五国主张的法律分析 [J]. 太平洋学报，2016, 24(01): 93–101.

[80] 刘惠荣，宋馨 . 北极核心区渔业法律规制的现状、未来及中国的参与 [J]. 东北亚论坛，2016, 25(04): 86–94+128.

[81] 董跃，刘晓靖 . 北极石油污染防治法律体系研究 [J]. 中国海洋大学学报 (社会科学版), 2010(04): 14–18.

[82] 袁雪，张义松 . 北极环境保护治理体系的软法局限及其克服——以《北极环境保护战略》和北极理事会为例 [J]. 边界与海洋研究，2019, 4(01): 67–81.

[83] 郑英琴 . 南极的法律定位与治理挑战 [J]. 国际研究参考，2018(09): 1–7.

[84] 陈力 . 论南极海域的法律地位 [J]. 复旦学报（社会科学版），2014, 56(05): 150–160.

[85] 陈力，刘思竹 . 论冰架在南极条约体系中的法律地位 [J]. 复旦学报

（社会科学版）, 2023, 65(01): 161–172.

[86] 陈力. 论南极条约体系的法律实施与执行 [J]. 极地研究, 2017, 29(04): 531–544.

[87] 羊志洪, 周怡圃. 南极条约体系面临的困境与中国的应对 [J]. 边界与海洋研究, 2022, 7(03): 68–86.

[88] 吴宁铂. 南极外大陆架划界法律问题研究 [D]. 上海: 复旦大学, 2013.

[89] 吴宁铂. 澳大利亚南极外大陆架划界案评析 [J]. 太平洋学报, 2015, 23(07): 9–16.

[90] 刘冰玉, 冯翀. 建立南极海洋保护区的规制模式探究 [J]. 国际政治研究, 2021, 42(02): 7-8, 92–117.

[91] 杨剑. 亚洲国家与北极未来 [M]. 北京: 时事出版社, 2015.

[92] 董跃. 论欧盟北极政策对北极法律秩序的潜在影响 [J]. 中国海洋大学学报 (社会科学版), 2010(03): 18–22.

[93] 匡增军, 马晨晨. 印度新北极政策评析 [J]. 现代国际关系, 2022(09): 51–58.

[94] 张祥国, 李学峰, 滕欣. 俄罗斯新版北极政策的目标选择与中俄合作空间 [J]. 欧亚经济, 2022(06): 59–74+123–124.

[95] 赵宁宁, 龚倬. 北约北极政策新动向、动因及影响探析 [J]. 边界与海洋研究, 2022, 7(02): 37–50.

[96] 孙凯, 郭宏芹. 科学、政治与美国北极政策的形成 [J]. 美国研究, 2023, 37(02): 9–29.

[97] 郑英琴. 美国主导全球公域的路径及合法性来源——以南极为例 [J]. 美国问题研究, 2014(2): 136–148.

[98] 刘明. 阿根廷的南极政策探究 [J]. 拉丁美洲研究, 2015, 37(01): 41–47.

[99] 吴宁铂, 陈力. 澳大利亚南极利益——现实挑战与政策应对 [J]. 极地研究, 2016, 28(01): 123–132.

[100] 白佳玉, 隋佳欣. 人类命运共同体理念视域中的国际海洋法治演进与发展 [J]. 广西大学学报 (哲学社会科学版), 2019, 41(04): 82–95.

[101] 黄德明，卢卫彬．国际法语境下的"人类命运共同体意识"[J]．上海行政学院学报，2015, 16(06): 84–90.

[102] 李雪平．人类命运共同体理念的南极实践：国际法基础与时代价值 [J]．武大国际法评论，2020, 4(05): 1–18.

[103] 刘惠荣，刘秀，陈奕彤．国际环境法视野下的北极生态安全及其风险防范 [C]// 中国法学会环境资源法学研究会（China law society association of environment and resources law），桂林电子科技大学．生态安全与环境风险防范法治建设——2011 年全国环境资源法学研讨会（年会）论文集（第二册），2011: 6.

[104] 吴慧，张欣波．国家安全视角下南极法律规制的发展与应对 [J]．国际安全研究，2020, 38(03): 3–20+157.

[105] 唐尧．中国深度参与北极治理问题研究：以缔结《预防中北冰洋不管制公海渔业协定》为视角 [J]．极地研究，2020, 32(03): 383–393. DOI: 10.13679/j.jdyj.20190061.

[106] 白佳玉，王琳祥．中国参与北极治理的多层次合作法律规制研究 [J]．河北法学，2020, 38(03): 66–79.

[107] 董跃．我国《海洋基本法》中的"极地条款"研拟问题 [J]．东岳论丛，2020, 41(02): 136–145.

[108] 郭红岩．南极活动行政许可制度研究——兼论中国南极立法 [J]．国际法学刊，2020(03): 57–75+157.

[109] 吴宁铂．中国参与南极海洋治理的国际法构建：机遇、障碍与路径 [J]．国际法学刊，2022(02): 63–78+155.

[110] 杨剑，郑英琴．"人类命运共同体"思想与新疆域的国际治理 [J]．国际问题研究，2017(04): 1–16+136.

[111] 郑英琴．探索共建南极命运共同体：南极国际治理的发展趋势与推进路径 [J]．边界与海洋研究，2023, 8(03): 90–106.

[112] 杨剑．中国发展极地事业的战略思考 [J]．人民论坛·学术前沿，2017(11): 6–15. DOI: 10.16619/j.cnki.rmltxsqy.2017.11.001.

[113] 阮建平．南极政治的进程、挑战与中国的参与战略——从地缘政治博弈到全球治理 [J]．太平洋学报，2016, 24(12): 21–30.

[114] 杨华 . 中国参与极地全球治理的法治构建 [J]. 中国法学 , 2020(06): 205–224. DOI: 10.14111/j.cnki.zgfx.2020.06.011.

[115] 羊志洪 , 周怡圃 . 南极条约体系面临的困境与中国的应对 [J]. 边界与海洋研究 , 2022, 7(03): 68–86.

[116] 王婉潞 . 南极治理机制的类型分析 [J]. 太平洋学报 , 2016, 24(12): 77–86. DOI: 10.14015/j.cnki.1004-8049.2016.12.008.

[117] 陆俊元 . 北极地缘政治与中国应对 [M]. 北京 : 时事出版社 , 2010.

[118] 杨剑 . 域外因素的嵌入与北极治理机制 [J]. 社会科学 , 2014(01): 4–13. DOI: 10.13644/j.cnki.cn31-1112.2014.01.009.

[119] 肖洋 . 北冰洋航线开发 : 中国的机遇与挑战 [J]. 现代国际关系 , 2011(06): 52–57.

[120] 王传兴 . 北极治理 : 主体、机制和领域 [J]. 同济大学学报（社会科学版）, 2014, 25(02): 24–33.

[121] 丁煌 , 赵宁宁 . 北极治理与中国参与——基于国际公共品理论的分析 [J]. 武汉大学学报 (哲学社会科学版), 2014, 67(03): 39–44.

[122] 丁煌 , 褚章正 . 基于公共价值创造的北极环境治理及其中国参与研究 [J]. 理论与改革 , 2018(05): 20–28.

[123] 刘惠荣 , 刘秀 . 南极生物遗传资源利用与保护的国际法研究 [M]. 北京 : 中国政法大学出版社 , 2013.

[124] 杨剑 . 北极治理新论 [M]. 北京 : 时事出版社 , 2013.

[125] 夏立平 . 北极地区治理与开发研究 [M]. 北京 : 世界知识出版社 , 2020.

[126] 赵隆 . 多维北极的国际治理研究 [M]. 北京 : 时事出版社 , 2020.

[127] 王婉潞 . 南极治理机制变革研究 [M]. 北京 : 时事出版社 , 2022.

[128] 王志民 , 陈远航 . 中俄打造"冰上丝绸之路"的机遇与挑战 [J]. 东北亚论坛 , 2018, 27(02): 17–33+127. DOI: 10.13654/j.cnki.naf.2018.02.002.

[129] 郭培清 , 孙凯 . 北极理事会的"努克标准"和中国的北极参与之路 [J]. 世界经济与政治 , 2013(12): 118–139+159–160.

[130] 郑苗壮 , 刘岩 , 裘婉飞 . 国家管辖范围以外区域海洋生物多样性焦点问题研究 [J]. 中国海洋大学学报（社会科学版）, 2017(01): 62–69.

[131] 桂静 . 不同维度下公海保护区现状及其趋势研究——以南极海洋保护区为视角 [J]. 太平洋学报 , 2015, 23(05): 1–8.

[132] PAN M, HUNTINGTON H P. A precautionary approach to fisheries in the Central Arctic Ocean: policy, science, and China[J]. Marine Policy, 2016, 63: 153–157.

[133] TILLMAN H, YANG J, NIELSSON E T. The polar silk road: China's new frontier of international cooperation[J]. China Quarterly of International Strategic Studies, 2018, 4(03): 345–362.

[134] BAI JIAYU. The IMO polar code: the emerging rules of Arctic shipping governance[J]. International Journal of Marine and Coastal Law, 2015.

[135] 密晨曦 . 新形势下中国在东北航道治理中的角色思考 [J]. 太平洋学报 , 2015, 23(08): 71–79. DOI:10. 14015/j. cnki. 1004–8049. 2015. 08. 008.

[136] 赵隆 . 共建"冰上丝绸之路"的背景、制约因素与可行路径 [J]. 俄罗斯东欧中亚研究 , 2018, (02): 106–120.

[137] 白佳玉 , 冯蔚蔚 . 以深化新型大国关系为目标的中俄合作发展探究——从"冰上丝绸之路"到"蓝色伙伴关系" [J]. 太平洋学报 , 2019, 27(04): 53–63. DOI: 10.14015/j.cnki.1004-8049.2019.04.005.

[138] 刘惠荣 , 陈奕彤 . 北极理事会的亚洲观察员与北极治理 [J]. 武汉大学学报（哲学社会科学版）, 2014, 67(03): 45–50. DOI: 10.14086/ j.cnki. wujss.2014.03.012.

[139] 潘敏 , 徐理灵 . 中美北极合作 : 制度、领域和方式 [J]. 太平洋学报 , 2016, 24(12): 87–94. DOI: 10.14015/j.cnki.1004-8049.2016.12.009.

[140] 杨剑 . 亚洲国家与北极未来 [M]. 北京 : 时事出版社 , 2015.

[141] 孙凯 , 李文君 . 角色理论视阈下的北极理事会及其作用研究 [J]. 边界与海洋研究 , 2022, 7(04): 46–62.

[142] 郭培清 , 卢瑶 . 北极治理模式的国际探讨及北极治理实践的新发展 [J]. 国际观察 , 2015(05): 56–70.

[143] 孙凯 . 机制变迁、多层治理与北极治理的未来 [J]. 外交评论（外

交学院学报），2017, 34(03): 109–129. DOI: 10.13569/j.cnki.far.2017.03.109.

[144] 丁煌，朱宝林. 基于"命运共同体"理念的北极治理机制创新 [J]. 探索与争鸣，2016(03): 94–99.

[145] 阮建平，王哲. 北极治理体系：问题与改革探析——基于"利益攸关者"理念的视角 [J]. 河北学刊，2018, 38(01): 160–167.

[146] 潘敏，徐理灵. 超越"门罗主义"：北极科学部长级会议与北极治理机制革新 [J]. 太平洋学报，2021, 29(01): 92–100. DOI: 10.14015/j.cnki.1004-8049.2021.01.009.

[147] 刘惠荣，孙善浩. 中国与北极：合作与共赢之路 [J]. 中国海洋大学学报（社会科学版），2016(02): 1–7.

[148] 拉塞·海宁恩，杨剑. 北极合作的北欧路径 [M]. 北京：时事出版社，2019.

[149] 赵宁宁. 中国与北欧国家北极合作的动因、特点及深化路径 [J]. 边界与海洋研究，2017, 2(02): 107–115.

[150] 郑英琴. 中国与北欧共建蓝色经济通道：基础、挑战与路径 [J]. 国际问题研究，2019(04): 34–49.

[151] 匡增军，欧开飞. 北极：金砖国家合作治理新疆域 [J]. 广西大学学报 (哲学社会科学版), 2018, 40(01): 80–86. DOI: 10.13624/j.cnki.jgupss.2018.01.011.

[152] 阮建平，瞿琼. 北极原住民：中国深度参与北极治理的路径选择 [J]. 河北学刊，2019, 39(06): 201–206.

[153] 赵宁宁. 论中国在北极治理中的国际责任及其践行路径 [J]. 社会主义研究，2021(01): 148–155.

[154] 陈力，屠景芳. 南极国际治理：从南极协商国会议迈向永久性国际组织？ [J]. 复旦学报（社会科学版），2013, 55(03): 143–155+169–170.

[155] 王婉潞. 南极治理中的权力扩散 [J]. 国际论坛，2016, 18(04): 14–19+79. DOI: 10.13549/j.cnki.cn11-3959/d.2016.04.003.

[156] 刘惠荣，郭红岩，密晨曦，等. "南北极国际治理的新发展"专论 [J]. 中国海洋大学学报（社会科学版），2019(06): 9–24. DOI: 10.16497/

j.cnki.1672-335X.201906002.

[157] 赵宁宁. 挪威南极事务参与：利益关切及政策选择 [J]. 边界与海洋研究, 2018, 3(04): 98–109.

[158] 郑英琴. 体系融入模式：印度参与南极国际治理的路径及启示 [J]. 国际关系研究, 2016(05): 113–122+156–157.

[159] 刘明, 张洁. 中国与拉美国家的南极合作：动因、实践及对策 [J]. 太平洋学报, 2020, 28(11): 73–87. DOI: 10.14015/j.cnki.1004-8049.2020.11.007.

[160] 刘惠荣, 陈明慧, 董跃. 南极特别保护区管理权辨析 [J]. 中国海洋大学学报（社会科学版）, 2014(06): 1–6.

[161] 李学峰, 陈吉祥, 岳奇, 等. 南极特别保护区体系：现状、问题与建议 [J]. 生态学杂志, 2020, 39(12): 4193–4205. DOI: 10.13292/j.1000-4890.202012.034.

[162] 叶江. 试论北极区域原住民非政府组织在北极治理中的作用与影响 [J]. 西南民族大学学报（人文社会科学版）, 2013, 34(07): 21–26+4.

[163] 潘敏. 北极原住民研究 [M]. 北京：时事出版社, 2012.

[164] 黄庆桥. 雪龙探极——新中国极地事业发展史 [M]. 上海：上海交通大学出版社, 2021.

[165] 邹磊磊, 付玉. 北极原住民的权益诉求——气候变化下北极原住民的应对与抗争 [J]. 世界民族, 2017(04): 103–110.

[166] 潘敏, 郑宇智. 原住民与北极治理：以北极理事会为中心的考察 [J]. 复旦国际关系评论, 2017(02): 121–140.

[167] 潘敏. 论因纽特民族与北极治理 [J]. 同济大学学报（社会科学版）, 2014, 25(02): 34–41.

[168] YAN GONGGU. Psychological growth, salutogenic effect and adaptability in Antarctica[J]. International Journal of Psychology, 2016: 658–658.

[169] ZHANG ZIYI, YAN GONGGU, SUN CHANG, et al. Who will adapt best in Antarctica? Resilience as mediator between past experiences in Antarctica and present well-being[J]. International Journal of

Psychology, 2021. DOI: 10.1016/j.paid.2020.109963.

[170] ZHANG ZIYI, YAN GONGGU, SUN CHANG. Resilience as mediator between past experiences in Antarctica and present well-being[J]. International Journal of Psychology, 2023: 475–475.

[171] QU FENG. Ivory versus antler: a reassessment of binary structuralism in the study of prehistoric Eskimo cultures[J]. Arctic Anthropology, 2017, 54(1): 90–109..

[172] QU FENG. Body metamorphosis and interspecies relations: an exploration of relational ontologies in Bering strait prehistory[J]. Arctic Anthropology, 2020, 57.

[173] 张侠, 刘玉新, 凌晓良, 等. 北极地区人口数量、组成与分布 [J]. 世界地理研究, 2008, 17(04): 132–141.

[174] 潘敏, 张侠, 凌晓良, 等. 论北极原住民的人口结构与社会问题——以加拿大为例 [J]. 世界地理研究, 2009, 18(03): 128–135.

[175] 马丹彤, 刘惠荣. 原住民自治权视角下中国的北极治理参与 [J]. 当代世界社会主义问题, 2022(02): 140–149. DOI: 10.16012/j.cnki. 88375471.2022.02.014.

[176] 曲枫. 萨满教与边疆: 边疆文化属性的再认识 [J]. 云南社会科学, 2020(05): 121–130.

[177] 潘敏, 张侠, 凌晓良, 等. 论北极原住民的人口结构与社会问题——以加拿大为例 [J]. 世界地理研究, 2009, 18(03): 128–135.

[178] 潘敏, 夏文佳. 论环境变化对北极原住民经济的影响——以加拿大因纽特人为例 [J]. 中国海洋大学学报（社会科学版）, 2013(01): 27–34.

[179] 潘敏, 夏文佳. 北极原住民自治研究——以加拿大因纽特人为例 [J]. 中国海洋大学学报（社会科学版）, 2010(06): 9–15.

[180] 刘洋. 北极资源开发中的原住民权利保护法律问题研究 [D]. 哈尔滨: 哈尔滨工程大学, 2024.

[181] 郭培清, 李琳. 加拿大努纳维克因纽特自治: 原因、历程及前景 [J]. 中国海洋大学学报（社会科学版）, 2020(02): 91–100. DOI: 10.16497/

j.cnki.1672-335X.202002010.

[182] 艾哈塔木·艾迪哈木.北极原住民组织参与北极环境治理的路径与作用研究 [D]. 北京：对外经济贸易大学, 2021.

[183] 彭秋虹，陆俊元.原住民权利与中国北极地缘经济参与 [J]. 世界地理研究, 2013, 22(01): 32–38.

[184] 闫鑫淇.信息时代原住民组织参与北极治理及对中国的启示 [J]. 中国海洋大学学报（社会科学版）, 2023(05): 43–53. DOI: 10.16497/j.cnki.1672-335X.202305005.

[185] 廖佰翠，蒋祺，陆月，等.极地科普教育：国际经验与中国借鉴 [J]. 宁波大学学报（教育科学版）, 2016, 38(06): 69–73.

[186] 朱建钢，夏立民，凌晓良，等.中国极地科普教育的探索与实践——结合国际极地年中国科普活动 [J]. 科普研究, 2011, 6(03): 89–93. DOI: 10.19293/j.cnki.1673-8357.2011.03.016.、

[187] 苏勇军，陆月，蒋祺.加强我国极地文化科普教育的思考 [J]. 海洋开发与管理, 2016, 33(01): 121–124. DOI: 10.20016/j.cnki.hykfygl.2016.01.023.

[188] 张旭.北极航线发展现状、未来 [M]. 长沙：中南大学出版社, 2018.

[189] 冯并.冰上丝绸之路——最后的"地中海" [M]. 北京：外文出版社, 2021.

[190] 郑中义.北极通航可行性及经济性分析 [M]. 大连：大连海事大学出版社, 2019.

[191] 范厚明，蒋晓丹，刘益迎.北极通航环境与经济性分析》[M]. 大连：大连海事大学出版社, 2018.

[192] 王春娟，刘大海.北极油气资源开发利用路径研究 [M]. 北京：海洋出版社, 2019.

[193] 自然资源部油气资源战略研究中心.北极地区油气资源与国际合作 [M]. 北京：石油工业出版社, 2020.

[194] 贺书锋，平瑛，张伟华.北极航道对中国贸易潜力的影响——基于随机前沿引力模型的实证研究 [J]. 国际贸易问题, 2013(08): 3–12. DOI: 10.13510/j.cnki.jit.2013.08.001.

[195] 张侠, 寿建敏, 周豪杰. 北极航道海运货流类型及其规模研究 [J]. 极地研究, 2013, 25(02): 66–74.

[196] 姜振军. 中俄共同建设"一带一路"与双边经贸合作研究 [J]. 俄罗斯东欧中亚研究, 2015(04): 41–47.

[197] ZENG Q, LU T, LIN K C, et al. The competitiveness of Arctic shipping over Suez Canal and China-Europe railway[J]. Transport Policy, 2020, 86: 34–43.

[198] WANG Y, ZHANG R, LIU K, et al. Framework for economic potential analysis of marine transportation: a case study for route choice between the Suez Canal Route and the Northern Sea Route[J]. Transportation Research Record, 2023, 2677(6): 1–16.

[199] WAN Z, NIE A, CHEN J, et al. Key barriers to the commercial use of the Northern Sea Route: view from China with a fuzzy DEMATEL approach[J]. Ocean & Coastal Management, 2021, 208: 105630.

[200] ZHAO H, HU H. Study on economic evaluation of the Northern Sea Route: taking the voyage of Yong Sheng as an example[J]. Transportation Research Record, 2016, 2549(1): 78–85.

[201] 刘惠荣, 李浩梅. 北极航线的价值和意义: "一带一路"战略下的解读 [J]. 中国海商法研究, 2015, 26(02): 3–10.

[202] 刘惠荣. "一带一路"战略背景下的北极航线开发利用 [J]. 中国工程科学, 2016, 18(02): 111–118.

[203] 郑英琴. 中国与北欧共建蓝色经济通道: 基础、挑战与路径 [J]. 国际问题研究, 2019(04): 34–49.

[204] 张侠, 屠景芳, 郭培清, 等. 北极航线的海运经济潜力评估及其对我国经济发展的战略意义 [J]. 中国软科学, 2009(S2): 86–93.

[205] 赵越. 新形势下俄罗斯北极油气的开发 [R]. 北京: 中国石油勘探开发研究院, 2013.

[206] 杨剑. 共建"冰上丝绸之路"的国际环境及应对 [J]. 人民论坛·学术前沿, 2018(11): 13–23. DOI: 10.16619/j.cnki.rmltxsqy.2018.11.002.

[207] 阮建平. 国际政治经济学视角下的"冰上丝绸之路"倡议 [J]. 海

洋 开 发 与 管 理 , 2017, 34(11): 3–9. DOI: 10.20016/j.cnki.hykfygl. 2017.11.00 i.

[208] 刘禹希, 陈琛, 林香红 . 南极渔业资源开发利用现状及启示 [J]. 中国渔业经济 , 2023, 41(02): 117–126.

[209] 刘勤, 黄洪亮, 李励年 , 等 . 南极磷虾商业化开发的战略性思考 [J]. 极地研究 , 2015, 27(01): 31–37. DOI: 10.13679/j.jdyj.2015.1.031.

[210] 唐建业, 石桂华 . 南极磷虾渔业管理及其对中国的影响 [J]. 资源科学 , 2010, 32(01): 11–18.

[211] 刘勤, 黄洪亮, 刘健 , 等 . 南极磷虾渔业管理形势分析 [J]. 中国海洋大学学报（ 社 会 科 学 版 ）, 2015(02): 7–12. DOI: 10.16497/ j.cnki.1672-335x.20150326.002.

[212] 杜星星, 刘建民 . 中国参与北极油气资源开发利用前景与方向 [J]. 地质力学学报 , 2021, 27(05): 890–898.

[213] 朱明亚, 平瑛, 贺书锋 . 北极油气资源开发对世界能源格局和中国的潜在影响 [J]. 海洋开发与管理 , 2015, 32(04): 1–7. DOI: 10.20016/ j.cnki.hykfygl.2015.04.001.

[214] 郭培清 . 南极旅游影响评估及趋势分析 [J]. 中国海洋大学学报（ 社会科学版 ）, 2007(05): 13–16.

[215] 李学峰, 吴姗姗, 岳奇 . 国际南极旅游组织协会的发展进程探析及对我国的思考 [J]. 中国市场 , 2022(15): 79–81. DOI: 10.13939/j.cnki. zgsc.2022.15.079.

[216] 刘杰, 唐荣, 李萍 . 南极旅游资源分类及空间分布特征 [J]. 自然资源学报 , 2022, 37(01): 83–95.